谢辞

未知因之亲为何难与?已知果之亲又难为何?

清醒梦

梦境完全使用手册

[美]斯蒂芬·拉伯奇
[美]霍华德·莱茵戈尔德
——著

胡弗居
蔡永琪
——译

楼伟珊
——校

图书在版编目（CIP）数据

清醒梦：梦境完全使用手册/（美）斯蒂芬·拉伯奇，（美）霍华德·莱茵戈尔德著；胡弗居，蔡永琪译. -- 北京：中信出版社，2020.7
书名原文：Exploring the World of Lucid Dreaming
ISBN 978-7-5217-1201-8

Ⅰ.①清… Ⅱ.①斯… ②霍… ③胡… ④蔡… Ⅲ.①梦—精神分析—通俗读物 Ⅳ.①B845.1-49

中国版本图书馆 CIP 数据核字 (2020) 第 034466 号

Copyright © 1990 by Stephen LaBerge, Ph.D., and Howard Rheingold.
Simplified Chinese edition copyright © 2020 Beijing Qingyan Jinghe International Co., Ltd.
All rights reserved.
本书中文译稿由橡实文化·大雁文化事业股份有限公司授权使用。
封面图片：iSIRIPONG / Getty Creative

本书仅限中国大陆地区发行销售

清醒梦：梦境完全使用手册

著　者：[美]斯蒂芬·拉伯奇　[美]霍华德·莱茵戈尔德
译　者：胡弗居　蔡永琪
校　者：楼伟珊
出版发行：中信出版集团股份有限公司
　　　　　（北京市朝阳区惠新东街甲4号富盛大厦2座　邮编 100029）
承　印　者：三河市繁恒印装有限公司

开　本：880mm×1230mm　1/32　印　张：12　字　数：204千字
版　次：2020年7月第1版　　　　印　次：2020年7月第1次印刷
京权图字：01-2020-1813　　　　　广告经营许可证：京朝工商广字第8087号
书　号：ISBN 978-7-5217-1201-8
定　价：68.00元

版权所有·侵权必究
如有印刷、装订问题，本公司负责调换。
服务热线：400-600-8099
投稿邮箱：author@citicpub.com

献给我生命中的挚爱和光明。

——S.L.

献给我的灵感和老师,
我的母亲,杰拉尔丁·莱茵戈尔德

——H.R.

致 谢

对于我们的前辈研究者,我们怎么感谢都不为过;要是没有无数其他人的心血,这本书将不可能完成。感谢他们所有人,不论是我们知道的,还是我们不知道的。

我们要特别感谢所有写信给我们,跟我们分享他们的清醒梦经验的人,尤其是那些报告得到采用的朋友。要想从所有人那里获得使用许可几乎是不可能的事情,所以我们没有使用真实名字,而只采用了首字母缩写。

我们还要感谢乔安妮·布洛克尔、查尔斯·布兰登、费策尔研究所、奥斯卡·贾尼格博士、蒙特韦德基金会,以及人类发展研究所的乔纳森·帕克,感谢他们在资金及其他方面的支持。威廉·德门特博士和菲利普·津巴多博士也提供了专业上的鼓励。感谢我们的文学代理,约翰·布罗克曼,他所付出的辛劳已经几倍于他的代理费。劳丽·库克、多蕾西·拉伯奇、迈克尔·拉普安特、K.罗曼娜·马沙多,以及朱迪丝·莱茵戈尔德都阅读过本书的初稿,并给出了宝贵的建议。谢里尔·伍德拉夫敏锐的编辑加工让本书得以更具人性化和可读性。

穆希基尔·古沙一如既往地贡献良多。最后,我们要诚挚感谢琳内·莱维坦,她为本书所做的工作让她可以配得上成为本书的合著者之一。

第八章 为生活做排练 205

第九章 创造性解决问题 227

第十章 克服梦魇 249

第十一章 治疗之梦 287

第十二章 人生是一个梦：一窥一个更广阔的世界 317

后记 历险继续 345

附录 补充练习 349

注释 357

目录

第一章 做清醒梦的世界　001

第二章 学习做清醒梦的预备工作　017

第三章 在睡梦中清醒过来　063

第四章 带着意识入睡　105

第五章 建构梦境　129

第六章 做清醒梦的原理和实践　151

第七章 探索与历险　183

练习 11 前瞻性记忆训练 084

练习 12 MILD法 087

练习 13 自我暗示法 090

练习 14 入睡前幻觉法 111

练习 15 放松的腹式呼吸法 114

练习 16 观想的力量：白点观 115

练习 17 观想的力量：黑点观 116

练习 18 莲花和火焰观 117

练习 19 数数入睡法 119

练习 20 两副身体法 122

练习 21 一副身体法 124

练习 32 面向梦中观众表现自己 219

练习 33 在清醒梦中解决问题 245

练习 34 建立一个清醒梦工作室 248

练习 35 与梦中人物展开对话 271

练习 36 重做反复出现的梦魇 282

练习 37 寻找自我整合的机会 301

练习 38 找寻『至高存在』 338

练习 39 理解意志的价值 350

练习 40 强化你的意志 351

练习 41 注视蜡烛火焰 354

练习 42 观想训练 354

练习索引

- 练习 ❶ 觉察你当下的意识状态 013
- 练习 ❷ 为你的梦征编目 052
- 练习 ❸ 为成功设定目标 054
- 练习 ❹ 为做清醒梦安排时间 057
- 练习 ❺ 渐进式肌肉放松法 059
- 练习 ❻ 61点放松法 060
- 练习 ❼ 批判性状态检测法 070
- 练习 ❽ 决心之力量法 074
- 练习 ❾ 意向法 077
- 练习 ❿ 反思—意向法 079

- 练习 ㉒ 无身体法 127
- 练习 ㉓ 图式如何让我们超越现有的信息 137
- 练习 ㉔ 旋转法 156
- 练习 ㉕ 梦中电视 171
- 练习 ㉖ 清醒梦孵梦 176
- 练习 ㉗ 旋转出一个新的梦中场景 179
- 练习 ㉘ 敲打电视机,改变电视频道 179
- 练习 ㉙ 如何为你自己的历险编剧 201
- 练习 ㉚ 你就是英雄 204
- 练习 ㉛ 在清醒梦中进行练习 215

第一章 做清醒梦的世界

做清醒梦的神奇之处

> 我意识到自己在做梦。我举起手臂,身子开始上升(事实上,我被托了起来)。我穿越黑暗的天空,而它的颜色渐次从墨黑转为靛蓝、深紫、浅紫、白色,最后则是非常明亮的光亮。在我被托起来的整个过程中,我耳边始终回响着音乐,那是我听过的最悦耳动人的音乐。它听起来像是人声,不像是器乐。我所感到的喜悦,难以用言语形容。然后我被温柔地放回地面。我感觉自己来到了一个人生的转折点,而自己当初选择了正确的道路。这个梦,以及我感受到的这种喜悦,就是一种奖励,至少我是这样觉得的。我在音乐陪伴下慢慢地苏醒过来。这份欢愉持续了几天,而这份回忆,我将永世难忘。
>
> (密歇根州贝城的 A.F.)

> 在我太太指着落日时,我正站在一片辽阔的空地上看着落日,心想:"真奇怪,我以前从未见过这种颜色。"接着,我幡然醒悟:"我一定是在做梦!"我从未有过如此清晰的感受,那种颜色如此

美丽,那股自由感如此令人振奋。我开始奔跑,穿过这美丽的黄金麦田,在空中挥舞双手,放声大喊:"我在做梦!我在做梦!"突然间,我离开了梦境,这一定是因为过度兴奋之故。随着我意识到刚才发生了什么,我摇醒太太,告诉她:"我办到了!我办到了!"我在睡梦状态中成功保持了意识,我再也不是以前的我了。听来有点好笑吧!初次体会做清醒梦就有这么大的影响!我想是那股自由感,我们看到自己真正掌控了自己的宇宙。

(明尼苏达州埃尔克里弗的 D.W.)

我目前正在修习成为专业音乐家(法国号)的课程,希望能克服在众人面前表演的恐惧感。好几次,我试着在入睡前放松整个身心,将自己置于自我催眠、白日梦的状态。接着,我集中精神想办法做梦,梦中我将独自在一大群观众面前表演,却丝毫不紧张或焦虑。在我进行这个实验的第三个晚上,我做了一个清醒梦,梦中我在芝加哥的交响乐大厅举办独奏会(我曾经在那里表演过一次,但当时是跟整个交响乐团一起演出的)。我并未因观众而紧张,而我所演奏的每个音符都让我更有自信。我完美地演奏着以前只听过一次但从未尝试过的曲子,而观众热烈的掌声使我充满自信。醒来后,我快速记下梦境的内容和我演奏的曲子。第二天练习时,我未多做练习就能演奏这首曲子,表演几近完美。两周后(期间也做了几个清醒梦),我与乐团一起演奏了肖斯塔科维奇的《第五交响曲》。这是我第一次在演奏时丝毫不紧张,演出也非常顺利。

(伊利诺伊州芒特普罗斯佩克特的 J.S.)

怪异、奇妙，甚至不可能的事情经常在睡梦中发生，但人们通常不会意识到自己在做梦。"通常"并不意味着"总是"；对于这个概括，实际上存在着一些显著的例外情况。有时，做梦者**确实**会正确地意识到，对于他们正在体验的诡异事件该如何加以解释，而**清醒梦**，就像前面所述的那些，就是因此得到的结果。

清醒梦的做梦者明白他们所体验的世界是凭借个人想象力创造出来的，因而他们可以有意识地影响梦境。他们可以创造和改变人、事、物、整个世界，乃至他们自己。他们可以做到在现实世界的标准看来不可能做到的事情。

清醒梦的世界提供了比日常生活更辽阔的舞台，让想象力所及的事情，从芝麻小事到丰功伟业，都有可发挥的空间。只要选择这么做，你就可以纵情于琼筵之上，徘徊于斗牛之间，甚至穿梭到未知的秘境。你可以像有些人那样把做清醒梦当作一个帮助解决问题、自我治疗和个人成长的工具。或者你也可以探索这样一些古代传统智慧和现代心理学研究的意涵，它们都认为清醒梦可以帮助你找到你最深层次的自我同一性——你到底是谁？

做清醒梦为人所知已经好几个世纪，但人们对它的了解程度还很低。我自己在这方面的科学探索，以及全世界其他睡梦研究人员的研究都才刚起步。这个全新的研究领域近来引起了许多人的注意，因为各项研究已经表明，只要进行适当训练，大家都可以学会做清醒梦。

但为什么人们想要学习在睡梦中保持意识清醒呢？根据我自己的经验以及其他成千上万做过清醒梦的人的证言，清醒梦可以极其逼真、强烈、有趣和令人振奋。大家经常认为这些清醒梦是他们人生最棒的经验之一。

要是它们只是梦一场,清醒梦将不过是一些有趣但终究没什么价值的娱乐。然而,正如许多人已经发现的,你可以通过做清醒梦来改善你的**醒时**生活的品质。数以千计的人就曾写信到斯坦福大学,告诉我他们如何利用从清醒梦中获得的知识和经验来帮助他们更好地生活。

尽管一门关于做清醒梦的实践技艺和科学才刚开始成形,而利用做清醒梦来进行自我心理探索的努力仍处在摸索阶段,但大多数人已经可以安全地运用相关现有知识来自己进行尝试和探索。唯一**不**适合尝试做清醒梦的人,很有可能是那些无法分辨醒时现实与自己的想象建构的人。学习做清醒梦并不会让你忘却觉醒与做梦的差异。恰恰相反,做清醒梦是为了使自己变得**更具觉察**。

为什么写这本新书?

在上一本书《做清醒梦:在睡梦中保持觉察和觉醒的威力》(*Lucid Dreaming: The Power of Being Aware and Awake in Your Dreams*)里,我从古代和现代文献中收集了关于这个主题的现有知识。自该书出版以来,成千上万的读者写信给我,提到他们的经验和发现,并请求我提供更多关于做清醒梦的实用信息。为了回应那些请求,我决定与霍华德·莱茵戈尔德合作撰写一本新书。霍华德曾经广泛撰写过有关创造性、意识和梦境等主题的文章。

你手上的这本新书是一门自学课程，它能让你按部就班地学会做清醒梦。你可以按照个人的步调学习，决定如何利用做清醒梦来丰富你的生活。书中关于清醒梦的真实例子，比如本章开头所引用的三个梦境，都是从寄到斯坦福大学的信件里筛选出来的。尽管这类"轶事型证据"无法取代严谨的科学实验，但它确实为进一步探索做清醒梦的世界提供了宝贵的灵感。

自《做清醒梦》出版以来，我的研究团队继续在斯坦福大学通过实验研究人在睡梦状态下的身心关系，并在由梦境探索者（oneironaut）志愿参与的课程和研习班上研究诱导、延长和运用清醒梦的方法。[1] 本书引用了众多有关如何做清醒梦的知识来源，包括我们在斯坦福大学的研究、藏传佛教睡梦瑜伽上师的教诲，以及其他科学家的研究。其中德国心理学家保罗·托莱的研究（他在过去 20 年里一直在钻研清醒梦），对于本书的撰写提供了尤其宝贵的贡献。

本书的方式

本书力求以按部就班的方式呈现学习做清醒梦所需知道的一切。书中提到的练习方法适合于大部分人，但每个练习的有效程度不可避免要视个人的心理和生理情况而定。不妨广泛尝试这些练习，自己测试一下，然后看看其中哪些最适合你。

本书的基本结构大致如下：首先，你将看到学习做清醒梦的各项预备工作，以及简明扼要的、学习做清醒梦的各种方法；然后，你将看到如何将做清醒梦应用到你的生活中。如果你勤于练习，那些清醒梦诱导术应该可以大大提高你做清醒梦的频率。第五章给出了相关的科学知识和理论，以帮助你更好地理解做梦的过程。剩下的章节则描述了你可以如何运用做清醒梦来改善你的生活，不论是觉醒时的，还是睡眠时的。我们所筛选的一些例子展示了其他人是如何做的，可作为你了解做清醒梦的部分潜力的参考。

就我们所知，这是第一本普通公众可以了解到如何做清醒梦的详细操作指南。然而，你不太可能通过快速浏览本书而学会做清醒梦。就像大多数值得学习的事物，学习做清醒梦需要付出努力。动机是另一个关键的先决条件；你必须真的很想做清醒梦，并拨出足够的时间来练习。如果你持续不懈地按照步骤练习，相信你做清醒梦的功力一定会大为提升。

本书的概要

这一章检视了你想要学习在睡梦中保持清醒的理由，并简要概述了本书的内容。

第二章将提供关于睡眠过程的必要背景知识，并帮助你消除对于做清醒梦可能有的任何疑虑。接下来，它将帮助你熟悉你的睡梦。你将学习如何开始记睡梦日记,以及如何增强你记起做过的梦的能力。在尝试做清醒梦之前,你应该做到能够记起至少每晚一个梦。在你的睡梦日记有了几个条目之后,你就准备好可以开始建立一个"梦征"(dreamsign)目录了。梦征是睡梦的标志性特征,你可以利用它们作为你通往清醒状态的路标。

第三章将讨论让你在睡梦中意识到自己在做梦的各种方法。其中将提到两个主要方法:反思–意向法,它是基于你不断询问自己是否是醒着的,还是在做梦;以及清醒梦的记忆术诱导(MILD),我当初就是利用这个方法学会了随心所欲地做清醒梦。通过 MILD 训练,你将在做梦时记起自己要意识到自己在做梦。

第四章将介绍直接从觉醒状态进入清醒梦状态的各种方法。

第五章将给出一个关于做梦过程的起源和本质的背景介绍,并将在一般的睡梦的语境中讨论清醒梦。

第六章将教你如何获得对于梦境的控制权:如何停留在一个清醒梦中,如何在你想要醒来的时候醒来,以及如何操控和观察梦境。除了解释控制梦境的方法,我们还将讨论在清醒梦中采取一个开放的、灵活的、非控制的态度的好处。

第七章将教你如何通过做清醒梦达成心愿和满足欲望。我们将提供一些例子和建议,以帮助你探索新世界,或在梦境中展开精彩历险,并将教你如何把你的梦中历险与你的个人自我发展联系起来。

第八章将说明如何利用做清醒梦来为你的醒时生活做排练。清醒梦可以作为一个生活的"飞行模拟器",你可以借助它们测试新的生活方式,以及特定技能的功用。在睡梦状态下练习可以帮助强化体验、改善表现,以及加深对于醒时生活的理解。

第九章将解释做清醒梦是艺术、科学、商业和个人生活中的创造性的一个源泉。各式各样的例子将展示人们如何通过做清醒梦为即将出世的孩子取名、修理汽车,或理解抽象的数学概念。

第十章将帮助你通过做清醒梦面对和克服生活中可能遇到的各种恐惧和滞碍。清醒梦的做梦者可以克服梦魇,并在这个过程中学会如何在最糟的状况下找到最好的应变之道。

第十一章将表明清醒梦的做梦者如何可以养成更完整、更健康的人格。清醒梦可以帮助那些因为过去的或现在的人际关系,或因为朋友或家人的离去而一直心结难解的人。此外,在清醒梦中,我们还可以培养心智灵活性。由于我们在睡梦中不会受到任何伤害,所以我们可以尝试采取不同寻常或闻所未闻的方式来解决我们的问题。这反过来可以增加我们在醒时世界中的可能行为选项,从而降低我们陷入不知所措境地的概率。

第十二章将超越清醒梦的日常生活应用,向你展示如何运用做清醒梦来获得一个对于你自己,以及你与世界关系的更全面理解。在睡梦中,你是"自己梦想成为的人",而理解这一点可以帮助你认识到,你的醒时自我在多大程度上受到了你对于自己的想象的限制。清醒梦中的超验体验将可能给你提供一个方向,供你在探索自己的内在世界时参考。

本书最后的后记将邀请你加入清醒梦研究所,一个致力于研究清醒梦的本质和潜力的会员制组织。

人生苦短

在开始深入如何做清醒梦的细节之前,让我们更仔细地看一下学习在睡梦中保持清醒的理由。做清醒梦是否值得我们付出如此多的时间和努力去学习呢?我们的回答是肯定的,但你可能需要再往下多读一点,并自己做出决定。

老话说得没错,人生苦短。更加雪上加霜的是,我们必须花上人生四分之一到二分之一的时间在睡眠上。而我们大多数人都是几乎浑浑噩噩地在睡梦中梦游。我们迷迷糊糊地睡着,结果错过了成千上万个原本可以保持清醒和活跃的机会。

那么在睡梦中睡过去是使用你有限生命的最好方式吗?你不只是浪费了你有限时日里的一大块,也是错过了那些原本可以用来丰富你的人生的各种历险和经验。而通过在睡梦中保持清醒,你将拓展你的人生经验,并且如果你将这些清醒时刻用于尝试和磨砺你的心智,你也可以更好地享受你的醒时生活。

"睡梦是知识和经验的一个宝库,"藏传佛教上师达唐祖古这样写道,"但作为一种探索现实的工具,它们却经常遭到忽视。在睡梦状态下,我们的身体在休息,但我们仍然可以看见和听见、四处移动,甚至能够学习。当我们充分利用了睡梦状态时,我们的寿限就仿佛加倍了:不再是活了一百岁,而是活了两百岁。"[2]

我们不只可以将知识,也可以将情绪从清醒梦状态带到觉醒状态。当我们从一个美妙的清醒梦中笑着醒来时,毫不奇怪我们的醒时情绪也会为这种欢喜所感染。一位年轻女性在读了探讨清醒梦的文章后所做的生平第一个清醒梦,就是一个生动的例子。在意识到自己在做梦后,她"试着记起文章中的建议",但她只能想到这样一个她自己的说法——"终极体验"。她感到自己被一股"与光和色彩交融在一起的愉悦"所包围,直到她"进入了一种完全的'高潮'"。然后,她"慢慢开始醒来"。接下来的一个多星期里,她都有着一种"飘飘然的喜悦感觉"。[3]

这种将正面情绪带到觉醒状态的效果是做清醒梦的一个重要层面。不论记得与否,睡梦常常会为我们醒后的情绪罩上某种色彩,有时甚至会持续大半天。正如"坏"梦的负面余波可以让你感到心烦气躁或郁郁不乐,一个好梦的正面感受也可以帮助你带着信心和活力展开一天的生活。而那些鼓舞人心的清醒梦则更是如此。

或许你仍然会想说:"我现在的梦中生活已经够有趣了,为什么我还要费力去增强我对睡梦的觉察呢?"倘若如此,试考虑这样一个传统神秘主义的教诲,它认为大多数人其实都处在睡梦中。当有人请卓越的苏菲派导师伊德里斯·沙阿指出"人的一个根本性错误"时,他回答说:"他以为自己是活着的,但其实他只是在人生的等候室里睡着了。"[4]

做清醒梦可以帮助我们理解沙阿的说法。一旦你有过这样的经验,即醒悟到自己在做梦,而你所面对的可能性远比你原本以为的更为丰富,你就想象得出一个发生在你醒时生活中的类似醒悟会是什么样子的。正如梭罗所说:"我们最真实的生活是当我们在睡梦中觉醒时。"

做清醒梦的体验

但如果你一直没有做过清醒梦,你可能会难以想象它是什么样子的。尽管你需要亲自体验过才能真正了解它是什么样子的,但还是有可能让你对做清醒梦的体验得到一个大致概念,那就是将做清醒梦与一个我们应该更为熟悉的意识状态,也就是你当下的意识状态两相比较。下面这个练习将引导你觉察你日常的醒时意识状态。每个步骤请花一分钟时间练习。

 觉察你当下的意识状态

1. 色
   觉察你所看见的:留意各种多变、生动的印象——形状、色彩、动作、大小、整个可见世界。

2. 声
   觉察你所听见的:辨析耳朵所听到的各种声响——不同程度的音强、音高和音色,或许包括常见的说话声或奇妙的音乐声。

3. 触
   觉察你所触摸到的:感受其质感(光滑、粗糙、干燥、黏糊或潮湿)、重量(轻重、虚实)、愉悦感、刺痛感、冷热等;还要留意你的身体当下的感觉,并将这些感觉与其他时候的感觉加以比较——疲累或精力充沛,僵硬或柔软,痛苦或愉快等。

4. 味
   觉察品尝味道是怎样一回事:品尝不同的食物和物质,或者回想和想象出它们的味道。

5. 香

觉察你所闻到的：暖和的身躯、土壤、熏香、烟、香水、咖啡、洋葱、酒精和大海的气味。回想和想象出尽可能多的气味。

6. 呼吸

觉察你的呼吸。在片刻之前，你很有可能并未有意识地觉察到你的呼吸，尽管你在做这个练习时已经呼气和吸气不下50次了。屏住呼吸几秒钟，吐气，然后再深吸一口气。可以注意到，意识到你的呼吸能让你有意识地调整呼吸。

7. 情绪

觉察你的感觉。回想起愤怒和欢乐、宁静和激动，以及其他尽可能多的情绪。这些情绪感觉起来有多真实？

8. 意

觉察你的思维。在做这个练习时，你在想些什么？你此刻正在想些什么？那些想法看上去有多真实？

9. "我"

觉察这样一个事实，即你的世界总是包含**你**。正如威廉·詹姆士注意到的，**我看**、**我听**、**我触**、**我思**，这些是个人经验的基本事实。[5] 你不是你所看见、所听见、所触摸或所思考的东西；你**拥有**这些经验。或许这里的本质是，你是**那个觉察这一切的东西**。你总是处在你的经验多维宇宙的中心，但你并不总是有意识地觉察到你自己。简要重复这个练习，并做如下改动：当你考察自己经验的每个不同层面时，觉察这样一个事实，即是**你**在留意这些东西（"我看见光……"）。

10. 觉察你的觉察

最后，觉察你的觉察。通常，我们的觉察会聚焦于我们之外的事物上，但觉察本身也可以成为一个觉察对象。就日常经验而

> 言，我们似乎是一个个各不相同的、有限的觉察中心，每个人在自己的内在世界中都是孤独的。然而，神秘主义者告诉我们，从永恒的角度来看，我们所有人归根结底是合而为一的——这个无限的觉察是存在的本源。在这里，这种经验无法用言语妥善地表达。

做清醒梦与醒时生活

经过上述练习，想必你已经对你日常的醒时意识状态的丰富性有了更好的了解，但这如何能与做清醒梦的体验联系起来呢？事实上，你刚刚对于经验世界的大多数观察也可以应用到梦境中。要是你在做梦，你会体验到一个与你当下体验到的世界一样丰富的多重感官世界。你也会看到、听到、触摸到、品尝到、思考和**存在**，就像你现在一样。

这里的关键差别在于，你在做梦时所体验的多重感官世界源自于你的内在而非外在。在醒时，你的大多数知觉可以对应于外部世界里实际存在的人、事和物。由于你醒时知觉的对象独立于你的心智而存在，所以它们保持着相对稳定。比如，你可以看到这个句子，然后合上书，等一会儿再重新打开同一页，这时你会看到相同的句子。

然而，正如你将在第三章看到的，这在做梦时并不成立。由于这时不存在稳定的外部刺激源可被用来建构你的经验世界，所以睡梦要比现实世界变化多端得多。

要是你在做一个清醒梦,你对于梦境的体验会与醒时生活的更加不同。首先,你会明白一切都是一个梦。也由于此,相较于在普通睡梦中的情况,你周围的世界会发生更大的变形和重组。"不可能发生"的事情会发生,而梦境本身,在你知道它是"不真实"的时候非但没有消失,反而可能增强其清晰度和精彩程度,直到让你惊叹得目瞪口呆。

如果你在梦中完全清醒,你会意识到整个梦境其实是你自己的创造,而伴随这种觉察而来的可能是一种自由的狂喜。没有任何外部束缚,也没有任何社会或物理定律会限制你的体验;你可以做任何你的心智所能构想出来的事情。如此这般,你可以飞上九霄,可以直面自己一直逃避的人或事,可以与想象得出来的最佳伴侣来场云雨邂逅,可以造访你很想交谈却已逝去的亲人,也可以探求自我认知和智慧。

通过培育你在睡梦中的觉察,并学会运用它们,你就能为你的生活增添更多有意识性、更多生活经验。在这个过程中,你会更加享受你在夜间的睡梦之旅,并加深你对于你自己的理解。通过在睡梦中觉醒,你可以更进一步在生活中获得大觉醒。

第二章 学习做清醒梦的预备工作

学会如何学习

许多人在第一次读过或听说过清醒梦后就做了清醒梦。这可能是新手的好运：他们听说这能做到，然后他们就真的做到了。你对清醒梦感到好奇而购买了这本书，所以你很有可能已经做过一两个清醒梦了，但你也很有可能还没有学会如何想做就做。这一章就将给你提供一些背景知识和技能，它们将是你练习接下来章节里介绍的做清醒梦方法所需的。

在开始探索做清醒梦的世界之前，你需要了解一些有关睡眠时的脑和身体的基础事实。然后，了解一些常见的、妨碍人们下定决心学习做清醒梦的"心理疑虑"的根源可能也会对你有所帮助。

你的清醒梦训练将从记睡梦日记和增强你记起做过的梦的能力开始。记睡梦日记将帮助你发现你的睡梦是什么样子的。接下来则是从日记所记录的许多睡梦中找出你的梦境的一些独特之处（梦征），它们出现得足够频繁，可以作为你进入睡梦状态的可靠路标。你的梦征列表将帮助你顺利实施第三章和第四章所介绍的各种清醒梦诱导术。

睡着的脑，做梦的心智

大家对于睡眠的必要性总是困惑不解。为什么我们要在每天二十四小时里让自己"关机"八小时呢？一些可能的答案包括，为了恢复身心，以及为了让我们躲开入夜后的危险。但将睡眠称为一个谜会引出一个更大的问题：那么觉醒又意味着什么？觉醒的一个基本定义是**有觉察**。但觉察什么？当我们谈论睡眠和觉醒时，我们指的是觉察外部世界。然而，即便在一个人入睡，对外界的大部分事物没有觉察时，他仍然能够觉察一个存在于自己心智中的世界（因而还是"觉醒"的）。觉醒有着不同程度。清醒梦的做梦者能够更清楚地觉察到他们的真实处境——他们知道自己在做梦，因而我们可以说他们"在睡梦中觉醒"。许多人试图通过各种传统方法进入更高层次的意识，他们也常常谈论所谓的"觉醒"，这时他们指的是增强对于自身在宇宙中的位置的觉察。

但人或物如何能够产生"觉察"呢？生物的觉察是脑的一个功能。感觉器官侦测到来自外界的信息（光线、声音、温度、触感、气味等），并将它们传递给脑。脑诠释这些信息，并综合形成一个对于外界状况的概念。

我们用以体验我们的世界（不论是梦境，还是醒时世界）的脑是生物演化的产物。在过去的亿万年里，生物一直在大自然"弱肉强食，适者生存"的生死游戏里相互竞争。最简单的单细胞生物得要在遇见某物时，才能知道来者是捕食者还是猎物。如果是捕食者，它们就会被吃掉；如果是猎物，它们就会将之吞噬。

这显然是一种危险的、愚昧的生存方式。

　　由于了解自身处境明显会带来巨大的生存价值，所以生物逐渐演化出各种感觉器官，从而得以事先预测是该靠近还是该躲开。经过上亿代的演变之后，生物演化出了越来越复杂的神经系统，以及相应地，越来越可靠和准确的能力来感知周围的环境并控制自身的行为。

　　我们的脑维护着一个随时更新的、有关周围所发生事情的模型，并不断预测未来可能发生的事情。预测要求运用之前获得的信息，来做出一个超越目前现有信息的判断。如果你是一只青蛙，现在有一个小小的黑色物体从眼前飞过，经由演化过程而内建于你的青蛙脑的那个信息让你做出预测，这个物体是可以吃的——于是"咻"的一声，你吃到了一只苍蝇。又或者，如果一个巨大的黑影突然落在荷叶上，这个信息（也是通过演化过程而获得的）就会让你的脑预测到危险——于是"扑通"一声，你跳进水里逃走了。青蛙看待世界的方式不同于我们人类。我们可能会把那些复杂的色彩、光影和运动模式认定为树、花、鸟或涟漪，但青蛙的世界很有可能由简单的元素构成，比如"小的飞行物体"（食物）、"大的迫近物体"（危险）、"感到舒适的温暖"（阳光）或"吸引自己的声音"（异性青蛙）等。尽管人脑远比青蛙脑复杂，但它也是基于相同的基本原理运作的。人脑将为世界建模的工作完成得如此之好，以至于你通常不会觉察到它在为世界建模。你用眼睛看，然后你就看见了。视觉知觉的经验似乎就像望向窗外，然后就看见窗外景色那般直截了当。然而，视觉、听觉、触觉或其他任何知觉，都是一个心智建模的过程，一个对于现实的模拟。你的意识内容，也就是说，你当下的经验，都是**建构**而成的，并取决于你当前的目的、你当下的作为以及你现有可用的相关信息。

○ 睡眠时的心智

如果你处在觉醒状态并从事某种活动（比如，走路、阅读等），这时你的脑会活跃地处理来自周围环境的外部感官输入，后者与你的记忆一道，为你提供了为世界建模所需的原材料。在这种觉醒且活跃的状态下，这个模型可以准确反映你与外部世界的关系。

如果你处在觉醒状态但身体不活跃，输入的天平就会从外部偏向内部。在某种程度上，你的思维过程变得独立于外部刺激而存在，你开始走神，你开始做白日梦。你变得心不在焉，这时心智所建构的世界模型可能就没有反映当下实际的外部环境。尽管如此，你仍然得到了一个简化的模型，并且如果出现某种危险逼近的征象，你的注意力也可以很容易地就收敛回来。

在睡眠的时候，来自外部世界的感官输入是如此之少，以至于你会停止维护一个有意识的世界模型。当你处在睡眠中的脑足够活跃，足以在你的意识中建构出一个世界模型时，这个模型多半与你周围环境中正在发生的事情无关——换言之，这是一个睡梦。睡眠时的脑并不总是在创造一个多维度的世界模型。有时候，它似乎只是在思考，或者几乎什么都不做。睡眠时心智活动的这些差异主要取决于睡眠者的脑所处之状态的不同。

睡眠并不是一种性质均一的被动脱离世界的状态，这一点科学家直到 20 世纪才得以发现。其实存在两种不同类型的睡眠：一个安静的阶段和一个活跃的阶段。它们在生物化学、生理学、心理学和行为等方面都存在许多差异，并可通过脑电波（在头皮上测得的生物电活动）、眼球运动和肌肉张力上的变化来加以定义。安静睡眠很符合对于睡眠的通常认知，即认为睡眠是一种不活跃的休息状态——你的呼吸又缓又深，你的心智无所作为，你的新陈代谢率降到最低，同时生长素得到释放以帮助身体的修复过程。当人们从这个状态苏醒时，他们会感到迷惘，并且很少记得做过梦。你可以在你家的猫或狗身上观察到这个状态，这时它们会以相当放松的姿态（对于猫来说，它们会四肢伏地，摆出"狮身人面像"的姿态）安静地睡觉，并缓慢而均匀地呼吸。这个阶段的睡眠恰巧也是出现说梦话和梦游的阶段。

从安静睡眠到活跃睡眠的转变相当戏剧化。在活跃睡眠期，通常也称为快速眼动（REM）睡眠期，你的眼球（当然，是在紧闭的眼皮之下）快速运动，跟在觉醒时差不多。你的呼吸变得急促而不规则，你的脑消耗的能量跟在觉醒时消耗的一样多，并且你开始做一些栩栩如生的梦。如果你是男性，你可能会出现勃起；如果你是女性，阴道的血液流动也会加快。当这些活动在你的脑中进行时，你的身体仍然保持近乎完全静止的状态（除了一些小小的抽搐），因为它在 REM 睡眠期暂时陷入瘫痪，以避免你按梦中的举止照做。

REM 睡眠期的"睡瘫症"并不会在人苏醒后立即终止，这也是为什么你可能有过苏醒后却有一两分钟身体动弹不得的经历。睡瘫症可能听起来很恐怖，但它其实一点害处都没有；事实上，它甚至有助于诱导清醒梦（参见第四章）。你也可以在猫或狗身上观察到这种"异相睡眠"（REM 睡眠在欧洲的称呼），这时它们会完全趴在地上，呼吸不规则，偶有抽搐，并且眼球快速运动。对于狗来说，它们还会摇摆尾巴，发出低吟、嚎叫和犬吠。看到这个，人们就有理由说："你看，小花在做梦！"

○ 睡眠者的夜晚之旅

安静睡眠本身还可以进一步细分成三个子阶段。第一阶段是介于昏昏欲睡与浅睡之间的过渡阶段，其特征是缓慢的眼球运动，以及生动但简短的梦样体验（被称为"入睡前幻觉"）。正常情况下，你会快速通过第一阶段而进入第二阶段的浅睡期；现在是货真价实的睡眠了，其特征是脑电波出现由小变大、又由大变小的睡眠梭状波以及振幅大幅波动的 K 复合波。这时的心智活动零散而普通，类似于思维过程。通常在二三十分钟后，你就会进入更深层次的"δ 睡眠"，它得名自在安静睡眠的这个阶段出现的高幅慢波——δ 波。在 δ 睡眠期很少出现做梦的情形。有趣的是，这种无梦的深度睡眠状态在有些东方神秘主义传统中受到高度推崇；它们认为，在这个状态下，我们得以触及自己最内在的意识。拉玛大师就写道："正是在这个阶段，内在世界可以为最高层级宇宙意识的明亮光辉所充盈。醒时意识的自我被放下。此外，那个未知心智的一些个人层面暂时被抛弃。各种记忆、各种问题、各种困扰的梦中意象都被抛在后面。个人无意识所施加的所有局限都在最高意识的明亮光辉下消失无形。"[1]

在逐渐进入最深度的 δ 睡眠期，并在那停留三四十分钟后，你会再次回到第二阶段。在入睡后的大约 70—90 分钟后，你当晚首次进入 REM 睡眠期。在 REM 睡眠持续五或十分钟，并且有可能接着一个短暂的觉醒期（这时你有可能记起做过的一个梦）后，你又会回到第二阶段，接着可能再次进入 δ 睡眠期，然后每隔大概 90 分钟再次进入另一个 REM 睡眠期——如此反复循环，度过整个夜晚。

在学习和实践做清醒梦的时候，你应该记住这个循环的两个细节：(1) REM 睡眠期的长度会随着夜晚的流逝而增加；(2) REM 睡眠期的间隔会随着夜晚的流逝而减少，从刚开始的 90 分钟减少到八小时后的或许只有二三十分钟。最后，在经过五次或六次的循环后，你会当晚第十次或第十五次醒来（我们平均每晚醒来这么多次，但每次发生后，我们很快就会忘掉它，就像你可能忘掉你与半夜打电话给你的人所进行的一次交谈）。

在了解过你在睡眠中进行的夜晚之旅后，你可能会好奇做清醒梦发生在睡眠的哪个阶段。我们如何找到这个问题的答案的故事值得在这里复述一番。

○ 来自梦境的信号

> 若是你睡着了,若是你在睡觉时做了梦,若是你在梦中到了天堂,并在天堂摘了一朵美丽奇异的花,若是在你醒来时,你手中握着那朵花,事情会怎样?啊,事情会怎样?
>
> (塞缪尔·泰勒·柯勒律治)

古往今来,许多诗人、哲学家及其他做梦者都曾经面对过这样一个迷人想法的挑战,即从梦境带回来某种东西(某种如柯勒律治的花那般实在的东西),以证明睡梦如此岸生活那般真实。

20世纪70年代晚期,当我在斯坦福大学开始我的清醒梦博士研究时,我发现自己面对着一个看上去更令人绝望的挑战:证明做清醒梦是真实的。当时的专家相信,带着知道自己在做梦的意识去做梦是一种自相矛盾的说法,因而是不可能的。但这样的哲学推理无法说服我,毕竟我自己就有过做清醒梦的经验,而不论它是不可能的,还是可能的。

我当时毫不怀疑做清醒梦是真实的,但我如何能向别人证明呢?为了做到这一点,我需要从梦境带回证据,以证明我在睡眠时确实知道自己在做梦。然而,在后来觉醒的时候说我曾经在梦中保持清醒并不能证明在当初实际睡眠时我确实是清醒的。我需要找到某种方式,在一个表明我一直处在睡眠状态的记录中标记出清醒梦出现的时间。

我当时知道,过往的研究已经表明,做梦者在REM睡眠期的眼球运动方向有时正好与他们后来报告说当时在睡梦中的目视方向相同。在睡眠和睡梦研究先驱威廉·德门特所给出的一个著名例子中，一位做梦者被从 REM 睡眠中唤醒，当时他做了二十多次规律的左右左右的眼球运动。他报告说，他当时梦见了一场乒乓球比赛；就在醒来之前，他一直在梦境中盯着看一个多拍的相持球。

我也透过自身经验知道，在一个清醒梦中，我可以看向任何我想要看向的方向。因此，我灵机一动，突然想到我可以按照一个事先定好的、可辨识的模式来移动眼球，从而透过这样的信号告诉别人我在做清醒梦。为了测试这个想法，我在斯坦福睡眠实验室过夜，头戴电极以测量我的脑电波、眼球运动和肌肉张力，而我的同事林恩·内格尔博士则在我睡觉时监视一部多导生理记录仪。

当晚我做了一个清醒梦，并在梦中将眼球左右左右移动。第二天早上，当我们检查多导记录仪的记录时，我们在一个 REM 睡眠期的中部发现了这个眼动信号。在写作本书时，已经有数十位清醒梦做梦者也成功地在清醒梦中发出信号，而这些梦几乎都只出现在睡眠中的 REM 睡眠期。

这种来自梦境的沟通方法已经被证明对清醒梦和睡梦生理学的研究来说具有重大价值。清醒梦做梦者能够在自己的睡梦中记起要执行事先约定的行为，从而向外界发出信号，这一事实为睡梦研究开辟了一条全新的道路。

通过借助受过训练的清醒梦做梦者，我们得以将眼动信号技巧发展成为一套威力强大的方法论。我们已经发现，梦境探索者可以执行各种各样的实验任务，在他们的睡梦状态中既可以担任受试者，也可以担任实验者。这种睡梦研究的梦境探索者方法论体现在斯坦福睡眠研究中心的一系列研究中，这些研究旨在揭示做梦过程中的身心关系的细节。

○ 为什么梦境看上去如此真实：做梦过程中的身/脑/心关系

我的研究团队所进行的最早期实验之一是检验这样一个传统观念，即认为对于时间的体验在梦境中与在醒时世界中是有所不同的。我们处理梦中时间问题的方法是，要求受试者在清醒梦中发出一个眼动信号，估计一个十秒的间隔（通过数"one thousand and one, one thousand and two, ..."计时），然后发出另一个眼动信号。从所有案例中，我们发现在清醒梦中所做的时间估计与在觉醒状态下所做的估计相差只在几秒以内，并且也相当接近于实际的信号间隔时间。我们据此得到结论：在清醒梦中，估计的梦中时间非常接近于钟表时间；也就是说，在睡梦中做某件事情需要花费与在醒时做这件事情一样的时间。

你可能会好奇，如果是这样的话，那些仿佛历时多年或整个人生的梦又如何解释？我相信睡梦中的这种效应是通过与在电影或戏剧中借以营造出时间流逝之感相同的舞台技巧达成的。不论是在银幕和舞台上，还是在睡梦中，如果我们看见某人在时间来到午夜时关灯，然后在片刻黑暗之后，我们再次看见清晨的灿烂阳光照进窗户,而他关掉闹钟起床,这时我们就会接受(也就是假装,尽管我们不自觉自己在假装)时间已经过了几个小时,即便我们"知道"这其实才过了几秒钟。

这种清醒梦做梦者通过眼动从梦境发出信号的方法也表明,在做梦者的梦中注视方向与他们眼皮下的实际眼球运动之间存在一种强相关关系。研究者一直对这个问题很感兴趣,但在利用清醒梦做梦者来研究它之前,他们长久以来只能仰赖那些偶然出现的、高度可辨识的眼动模式与受试者所报告的梦中行为相配对的个案。因此,他们通常只能得出在梦中眼动与实际眼动之间的一个弱相关关系。而梦中眼球的运动与实际眼球的运动之间的这种强相关关系意味着,我们在梦境中看东西所使用的是与我们在醒时世界中看东西所用的相同视觉系统。

对于生理机能与梦中行为之间的对应关系,最具戏剧性的演示之一是有关清醒梦性爱的研究。1983年,我们做了一个探索性研究,以确定在REM睡眠期的清醒梦中所主观体验到的性活动,会在多大程度上反映在生理反应上。

由于女性比男性报告了更多的梦中性高潮,所以我们先从一名女性受试者着手。我们记录下她的许多生理指标,这些指标在正常情况下会受到性唤起的影响,包括呼吸频率、心跳频率、阴道肌肉张力和阴道脉冲振幅等。实验要求她在下述时点做出特定的眼动信号:当她意识到自己在做梦时、当她(在梦中)开始性活动时,以及当她经历性高潮时。

她报告了一场清醒梦,在其中,她完全按照事先约定执行了实验任务。我们的分析也发现,在她报告的梦中行为与除了一项之外的所有指标之间存在显著的对应关系。在她发出性高潮信号的那段 15 秒钟生理记录里,她的阴道肌肉张力、阴道脉冲振幅和呼吸频率都达到它们当晚的最高值,也显著高于 REM 睡眠期其他时刻的测量值。但与我们的预期相反,心跳频率只有小幅增加。

此后,我们又请两位男性受试者做了类似实验。在这两个案例里,呼吸频率都出现惊人的增加。也再一次地,心跳频率没有出现显著提升。有趣的是,尽管两位梦境探索者都报告说,他们在清醒梦中经历了逼真的性高潮,但两人实际上都没有射精。这与成年男性常见的"梦遗"(它们的发生常常不涉及春梦)正好相反。

○ 梦中行为会对脑和身体产生真实效应

刚刚回顾的这些实验支持了这样一个结论:你在睡梦中体验的事件会对你的脑(以及,在更小的程度上,你的身体)产生与你在觉醒时体验相应事件所产生的差不多相同的效应。其他研究也支持了这个结论。当清醒梦做梦者在梦中屏住呼吸或快速呼吸时,他们实际上也确实屏住了呼吸或快速呼吸。此外,在觉醒状态下,唱歌与数数所引发的脑活动的差异(唱歌倾向用到右脑,而数数倾向用到左脑)也在清醒梦中差不多得到再现。简言之,对我们的脑而言,梦见做某事等同于实际做这件事。这个发现解释了为什么梦境看上去如此真实。对脑而言,它们就是真实的。

我们现在还在继续研究梦中行为与生理机能之间的关系，以期全面揭示，对于每个可度量的生理系统，睡梦期间的身心互动关系具体是怎样的。这样一张图表将对实验睡梦心理学和心身医学的研究具有重大价值。事实上，由于梦中行为会产生真实的生理效应，做清醒梦或许可以被用于影响免疫系统的功能（更多内容参见第十一章）。不管怎样，梦境所引发的生理反应表明，我们不能将睡梦当作想象力的街头混混而斥之一旁。尽管我们的文化长久以来倾向于忽视睡梦，但梦境经验对于我们来说就如同醒时生活那般真实。而如果我们想要改善我们的生活，我们最好将我们的梦中生活也纳入自己的努力范围。

社会价值与做清醒梦

我收到过许多人的来信，他们对清醒梦感兴趣，却感到非常苦闷，因为正如一位来信者所写的："我无法跟别人讨论这件事；如果我试图解释我在睡梦中所做的，他们都会以为我疯了，并以怪异的眼神看我。"我们的文化对于那些有兴趣探索心理状态的人并没有提供多少社会支持。这种抗拒态度很有可能根源于心理学的行为主义视角，后者将包括人类在内的所有动物都视为"黑箱"，其行为完全取决于外部输入。动物"心智"的内容被视为无法度量，因而不属于科学研究的范畴。

然而，自20世纪60年代后期以来，科学已经再次开始探索有意识经验的领域。做清醒梦的研究便是其中一个例子。不过，文化上的理解往往滞后于科学上的理解。达尔文的生物演化科学理论已经提出超过一个世纪，但它破旧立新所引发的文化混乱直到今天仍然影响着我们的社会。因此，我们并不感到奇怪，许多人（有些还是科学家）仍然拒绝承认那些正为科学研究所发现和证明的人类心智新能力（至少就西方而言是新的）。为了帮助你意识到清醒梦可以对你的生活产生显著而重要的影响，本书引用了许多清醒梦做梦者的个人叙述。如果你恰巧生活在一个你觉得无法分享你的梦中生活的地方，这些例子应该可以让你感到自己并不孤单。此外，在后记中，你可以找到一份邀请，邀请你与我们分享你的经验。

清醒梦问答

问：做清醒梦是否会给某些人带来危害？

答：绝大多数清醒梦都是正面的、给人收获的经验，比起普通的睡梦更是如此（更别说梦魇了）。尽管如此，很有可能会有某些人觉得做清醒梦令人害怕，甚至在某些案例中，令人极其不安。因此，我们不好推荐每个人都尝试做清醒梦。但另一方面，我们有信心说，对于任何不超出"正常的神经症"的人而言，做清醒梦是完全无害的。不同的人会将做清醒梦运用于不同的目的；因此，由于某些人可能使用效果不那么好而警告一般的梦境探索者不要尝试做清醒梦是说不通的。如果你在读完本书前六章后仍然对做清醒梦持严重的保留态度，那么我们会建议你不要再继续。"你必须对你自己忠实。"只是要确保你忠实的是真的"你自己"，不要让其他人将他们自己的个人恐惧强加于你。

问：我担心如果我学会了诱导清醒梦，我所有的睡梦都会变成清醒梦。到时我可怎么办啊？

答：哲学家 P.D. 邬斯宾斯基曾经对于"半梦状态"（他对于清醒梦的称呼）有过纠结的情绪："它们带来的第一种感受是惊喜。我预期找到一样东西，结果却找到了另一样。接下来是一种极其喜悦的感觉。'半梦状态'有可能让我以一种新的方式看待和理解事物。第三种则是对于它们的某种恐惧，因为我很快注意到，如果我任其发展，它们就会开始增生和扩张，侵入我的睡眠以及觉醒状态。"[2]

在当初我开始尝试诱导清醒梦的时候，我也有过一模一样的恐惧。我的努力很快取得了巨大的成功：几个月后，我越来越多地做起清醒梦，增加速度之快不禁让人看着害怕。我开始担心自己会无法控制这个过程："要是我所有的睡梦**都**变成清醒梦，那我该怎么办？我的智慧不足以有意识地引导我所有的梦境。要是我出了错，事情会变成怎样？"如此等等。

然而，我发现，一旦我开始这样胡思乱想，我就不再做清醒梦了。在冷静思考之后，我意识到，没有我的同意的话，其实几乎没有可能我所有的睡梦都变成清醒梦。邬斯宾斯基和我都忘了一件事情,那就是做清醒梦需要付出努力。清醒梦极少发生,除非你在入睡的时候怀着明确的目的,要在睡梦中保持清醒。因此,我意识到自己将能够调节(如有必要的话,限制)做清醒梦的频率。事实上,在有过十年里做了超过一千个清醒梦的经验后,我现在很少超过每个月做几次,除非我想要做得更多。

问:由于我相信睡梦是无意识心智所发送的讯息,所以我担心有意识地控制我的梦境会干扰到这个重要过程,从而剥夺了我通过释梦可得到的好处。

答: 正如第五章将会解释的,睡梦并不是来自无意识心智的讯息,而是通过无意识心智与有意识心智的互动而创造出来的经验。在梦境中,确实有更多的无意识知识可供我们有意识的经验去取用。然而,睡梦并不是无意识心智的专属领域。不然的话,人们将永远不会记起梦境,因为我们无法在觉醒时触碰到那些无意识的东西。

我们在睡梦中所扮演的那个人,或者说"梦中自我",与我们在觉醒状态时的自我是同一个人。它会持续通过它的期望和偏见去影响梦中事件,就像它在醒时生活中所做的那样。梦中自我的关键差别在于,它觉察到自己所经历的一切只是一个梦。这赋予了它更多自由选择的空间以及要有创造性的责任,以便找出在睡梦中最好的行动方式。

我不认为你应该始终维持对于自己在做梦的有意识状态,就像我不认为你应该在醒时生活中始终维持对于自己在做什么的有意识状态。有时候，这样的自我意识会干扰到你的高效表现；如果你处在一个仅靠习惯就可以顺利做事的情境中（不论是在做梦时，还是在觉醒时），那么你就不需要有意识地操控你的行为。不过，如果你的习惯将你导向了错误的方向（不论是在做梦时，还是在觉醒时），你就应该"醒悟到"哪里做错了，并有意识地修正你的方向。

至于释梦的好处，清醒梦可以像非清醒的睡梦一样被加以检视，并给人启示。事实上，清醒梦的做梦者有时会在自己的梦境还在展开的时候就诠释它们。在睡梦中保持清醒状态有可能会改变梦境原本的走向，但这样的梦境仍然是可以被诠释的。

问：我有时候会在清醒梦中遇见各种异世界意象，同时感觉到某种大能或能量场的存在。在这些时候，我的意识会扩张到远超我在醒时生活中所经验的，使得这样的经验似乎比我所知的现实还更真实，我于是变得很恐惧。我不敢再继续这样的梦境，担心我将不能从它们当中醒来，因为这些经验似乎远超我醒时的现实世界。要是我无法从这些清醒梦中醒来，到时会发生什么？我是会死掉，还是会变成疯子？

答：尽管这个顾虑听起来很骇人，但它不过是对于未知事物的恐惧罢了。目前没有任何证据表明，你在睡梦中的行为会危害到脑的基本生理状况。并且，不管梦境可能如何惊心动魄，它的持续时间无法超过自然的 REM 睡眠期——至多大约一个小时。当然，由于对于梦境的探索才刚开始，必定会有很多尚未开拓的领域。但你不应该害怕首先涉足这些领域。面对梦境中突然冒出来的陌生经验而产生强烈的焦虑感，这是再自然不过的定向反应：就像一个生物在身处一个新的情境或领地时会首先搜寻危险迹象，这是它对于醒时世界的适应行为。然而，这种恐惧并不一定是真实的。你不需要担心在睡梦中身体受伤。所以当你发现自己身处一种全新经验当中时，不妨放下恐惧，看看事情会怎样发展。（第十章将给出因应梦中恐惧的理论和实践。）

问：有人说，如果你在睡梦中死去，你就真的会死去。这是真的吗？

答：如果这是真的，又怎么会有人知道这一点呢？对此存在许多直接的反例：许多人曾经在他们的睡梦中死去，却没有留下任何不良后果，毕竟他们在活着醒来后报告了这些梦境。此外，如果你让它们发展，死亡之梦可以变成重生之梦，我自己的一个睡梦就是如此。在一种神秘的虚弱感快速贯穿我的全身后，我意识到自己即将力竭而亡，所剩时间只够采取最后一个行动。我毫不迟疑地决定，我想要做的最后举动是表示我的全然接受。随着我抱持着这种态度呼出最后一口气，从我的心脏中突然冒出一道彩虹，然后我醒来，内心狂喜不已。[3]

问：如果我利用自己的清醒状态在睡梦中操弄和摆布其他梦中人物，并随心所欲地改变梦境的构成元素，我会不会由此养成一种在醒时生活中可能对我不好的习惯呢？

答：第六章将讨论如何运用做清醒梦去帮助你建立对醒时生活有益的行为方式。这意味着控制你自己在睡梦中的行为和反应，而不是睡梦中的其他人物和梦境构成。然而，这并不是说，如果你选择在梦境中充当国王或女王，这将是有害而无益的。事实上，如果你常常觉得无力控制你的生活，或缺乏自信，那么你很有可能会从控制梦境的那种掌控感中获益。

问：所有这些为了在睡梦中保持清醒的努力和练习难道不会造成睡眠不足吗？在梦中保持清醒难道不会让我感到更疲倦吗？是否值得牺牲我在白天的警觉性，只为做更多的清醒梦呢？

答：清醒地做梦通常会像不清醒地做梦那样让人得到充分休息。由于清醒梦倾向于带来正面体验，所以你可能会在做完它们后，实际上感觉充满活力。你在做梦后感觉到的疲劳程度取决于你在梦中的所作所为——相较于你在睡梦中意识到这只是一个梦，并且你的日常顾虑都不再重要，在非清醒的状态下不断对抗各种令人沮丧的场景很有可能会让你感觉更为疲累。你应该在时间和精力允许的情况下再致力于学习做清醒梦。毕竟增强梦境回忆和诱导清醒梦的练习很有可能会让你更晚入睡，而且有可能会让你睡眠更长时间。如果你太忙，以至于不能找出更多睡眠时间，或牺牲你所能得到的哪怕一丁点睡眠，那么你现在最好不要练习做清醒梦。这样做反而会增加你目前的压力，并且很有可能你也无法达到好的效果。做清醒梦，至少在最开始的时候，需要良好的睡眠以及用于专注的心理能量。不过，一旦掌握方法以后，你就应该能够达到随心所欲做清醒梦的程度。

问：我担心自己可能不具有做清醒梦所需的条件。如果我花了大量时间做完你们建议的这些练习，却还是做不了清醒梦，到时我可怎么办？如果我花了这么多时间在这上面却没有取得成效，我会觉得自己很没用。

答：学习几乎任何方法的最大障碍之一是**太过用力**。学习做清醒梦尤其如此，因为做清醒梦需要你睡得好，并且心境平和。如果你因为想做清醒梦不得而睡不着，那么不妨暂时放下此事。放松几天或几周，期间不要再想这件事情。有时候，放下之后，清醒梦反而会出现。

问：清醒梦如此精彩，让人感觉如此良好，使得现实生活不禁相形见绌。有没有可能会做清醒梦上瘾，不再想做其他事情呢？

答：彻头彻尾的逃避现实者可能会沉溺于做清醒梦，以逃避他们单调乏味的现实生活。至于这是否可以称为"上瘾"，则是另一个问题了。不管怎样，对于为了做清醒梦而"花了太多时间在睡觉上"的人，我们的建议是，不妨考虑一下将从清醒梦中学到的东西应用到醒时生活中。如果清醒梦似乎更为真实、更为激动人心，这应该会激励你去努力将自己的生活变得更像你的梦境——更加生动精彩、令人满足、给人回报。在这两个世界中，你的行为都将强烈影响到你的体验。

问：我目前正在接受心理治疗。我是否可以尝试做清醒梦？这对我的治疗会有帮助吗？

答：如果你正在接受心理治疗，并想要尝试做清醒梦，请跟你的治疗师进行讨论。并不是每位治疗师都清楚了解做清醒梦及其对心理治疗的意义，所以请确认你的治疗师理解你所谈论的内容，并熟悉相关的情况。本书第八、十和十一章将提到做清醒梦在心理治疗方面的意义。如果你的治疗师认为做清醒梦目前并不适合你，请听从他的意见。如果你不认可，那么你要么信任他的判断，要么换一位治疗师，最好是一位知道如何帮助你运用做清醒梦进行治疗的专业人士。

开始了解你的梦境

○ 如何记起你做过的梦？

"一切有赖于记起"，这对于做清醒梦来说无疑再正确不过。[4] 如果你想要学习做清醒梦，学习记起你的梦境是必不可少的。除非你能清楚记起所做过的梦，否则你做不了许多清醒梦。原因有二。首先，没有梦境回忆，即便你做了一个清醒梦，你也记不起来。事实上，在我们之前所做的成千上万个睡梦中，我们很有可能已经忘了不计其数的清醒梦。其次，良好的梦境回忆之所以至关重要，还因为为了在睡梦中保持清醒，你需要意识到你所做的梦是一个梦。由于这些梦是你需要尝试辨认出来的，所以你必须熟悉它们是什么样子的。

一般而言，你知道一个睡梦是什么样子的。但梦境故事不总是能够与对于真正发生的事件的叙述很容易地区分开来。一般的睡梦看上去与生活很像，除了某些明显的例外。而这些例外违背了你对于这个世界运转方式的预期。因此，你需要开始了解你的梦境是什么样子的，尤其是示意它们是梦境的征象在哪里。为此，你需要收集自己的睡梦，并分析其中的梦境征象。

为了避免浪费时间，在你着手练习诱导清醒梦的方法之前，你应该做到能够记起至少每晚一个梦境。下面这些建议将帮助你达到这个目标。

做到良好的梦境回忆的第一步是尽量多睡。如果你得到了充分休息，你会更容易集中注意力去记起梦境，而你也就不会在乎晚上得花时间记录梦境。多睡的另一个原因是，随着夜晚时间的流逝，睡梦周期会变得更长、更紧密。晚上的第一个梦是最短的，或许只有十分钟之久，而在睡了八小时之后，睡梦周期可以达到45分钟到一小时之久。

你可能会在一个REM睡眠期里做不止一个梦，它们之间隔以简短的、常常事后记不起来的脑波觉醒。睡眠研究者普遍认为，睡梦是记不起来的，除非睡眠者在做梦时直接被唤醒，而不是进入睡眠的其他阶段。

如果你发现自己睡得太沉，无法从睡梦中醒来，不妨试着把闹钟设定在你可能做梦的时间叫醒你。由于REM睡眠期大约每

90分钟出现一次，所以好的时机是从你上床时算起的90分钟的倍数。你也可以针对较后面的REM睡眠期而将闹钟设定在你上床后的四个半、六个或七个半小时。

梦境回忆的另一个重要前提就是动机。对许多人而言，具有想要记住自己的梦境的意向，并在睡前再次提醒自己这个意向，这就足够了。此外，暗示自己将会做一些有趣、有意义的梦境，这可能也会有所帮助。将睡梦日记放在床边，并在醒来时立刻记下梦境，这将帮助你强化决心。随着你记录的梦境越多，你也会记起更多睡梦。至于该如何记录睡梦日记，我们的建议如下。

你应该养成习惯，一醒来就问自己这个问题："我梦到了什么？"你应该先做这件事，否则你会因为其他思绪的干扰而忘记部分乃至全部梦境。不要改变你在醒来时的身体姿态，因为任何身体动作可能会让你的梦境更难被记起。此外，不要去想白天的杂事，因为这也会抵消你的梦境回忆。如果你什么都记不起来，不妨再尝试几分钟，同时不要移动身体或想别的事情。通常情况下，你终究可以记起梦境的一些片段。如果你还是记不起任何东西，你可以问自己："我刚才在想什么？""我刚才有什么感觉？"检视你的思维和感觉往往能找到一些必要的线索，使得你可以记起整个梦境。

抓住不放有关你可能经历了什么的任何线索，并试着利用这些线索重构一个故事。当你回忆起一个场景时，问你自己在那之前发生了什么、在更早之前又发生了什么，借此回溯整个梦境。你不需要花费多长时间就能建立起足够的技能，使得自己只要集中注意力于记忆的一个片段，就能记起整个梦境的细节。如果你无法记起任何东西，不妨试着想象一个当晚你可能做过的梦——记录下你现在的感觉，列出你当前对于自己的顾虑，并问自己："我有梦见过这个吗？"如果经过几分钟后，你所记得的只是一种情绪，也请在日记（参见下文）中描述出那种情绪。即便你在床上什么都记不起来，白天的事件或场景可能会让你想到前天晚上梦到的某些东西。当这样的事情发生时，要随时留意到它们，并把所有记起来的东西记录下来。

就像发展其他任何技能，训练梦境回忆的能力有时也会进展迟缓。如果你一开始没有取得成功，不要感到沮丧。几乎每个人都能通过练习取得进步。**只要你能够记起至少每晚一个梦境，你就准备好可以开始尝试做清醒梦了。**达到这个预备阶段很有可能不需要花费很长时间，并且相当一部分人在做到这种程度的时候将已经体验过清醒梦了。

○ 记睡梦日记

找一个笔记本或日记本来记录你的梦境。笔记本应该是你喜欢的，并且它专门用来记录梦境。把笔记本放在床边来提醒自己。梦醒后立刻记下梦境内容。你可以在醒来后写下整个梦境，也可以先写下要点，以后再扩充。

不要等到早上起床后才做笔记。不然的话，即便一个梦境在你晚上刚醒时格外细节清晰，到了早上你可能发现自己已经什么都不记得了。我们的心智中似乎内置一块梦境橡皮擦，让梦境中的经验比醒时经验更难以回忆起来。因此，务必在梦刚醒的时候立刻写下至少几个关键词。

你不需要写得文采飞扬。睡梦日记只是你的一个工具，而你是唯一一个将阅读它的人。记录下梦中意象和人物的样子、声音和气味，也别忘了记录下你在梦中的感觉——情绪反应是梦境的重要线索。记录下任何不寻常的事情，任何在醒时生活中永远不会发生的事情：猪飞上天、在水底呼吸，或深奥难解的符号。你也可以在日记中画出某个意象的草图。就像文字，图画也不必画得像艺术品。它只是一种合乎直觉的辅助记忆方法，帮你记起一个可能帮助你在未来的睡梦中清醒过来的意象。

在页面的顶部写上日期。在日期下记录梦境，能写多少写多少。之后留下一个白页，以便你日后做练习之用。

如果你只记得梦境的一些片段，也把它们都写下来，而不论它们当时可能看上去多么无关紧要。如果你记得整个梦境，可以为日记的这个条目起一个简短、上口的标题，说明梦境的主题或情绪。"春天的守护神"或"教室里的动乱"就是好的描述性标题的例子。

随着你在睡梦日记中开始累积了一些原始材料，你可以翻阅之前的梦境，并就它们问自己一些问题。运用梦中符号进行自我分析不是本书的目的，但你可以在坊间找到许多分析睡梦日记的不同方法。[5]

对于释梦，存在许多不同的方法论。做清醒梦是一种觉察状态，而非一种理论，因而它可被应用于许多不同类型的梦境。不论你采用哪种方法论来分析睡梦日记的内容，你都会发现，做清醒梦的技能能够帮助你更好地理解你的心智创造出梦中符号的方式。而这反过来可以帮助你更好地探索自己人格的不同部分（参见第十一章）。此外，阅读睡梦日记可以帮助你熟悉你的睡梦的梦境征象，使得你在梦中时也能认出它们——然后在睡梦中清醒过来。

梦征：通往清醒之门径

我站在我在伦敦住家外的人行道上。旭日正在升起，海湾的水面在晨光下熠熠生辉。我看到马路转角处高耸的树木，也看见比四十台阶更远处的灰色塔楼的顶端。在清晨阳光的魔力下，当时的景致美极了。

人行道并不是普通的人行道，而是用小小的蓝灰色三角形石块铺成的，并且石块的长边正好垂直于路边的白色护栏。在我正要走进屋里时，我的目光随意瞥见这些石头。我的注意力顿时被一个特别奇怪的现象所吸引，这幕景象如此特别，我简直不敢相信眼前所见——这些小石块似乎在晚上都改变了位置，长边现在都平行于路边的护栏了！

接着，我灵光一闪想到了答案：尽管这灿烂的夏日清晨让人感觉如此真实，但我其实正在做梦！在意识到这个事实后，梦境的性质随之发生改变,这种改变很难形容给那些没有相同经验的人。生活的生气顿增百倍,大海、天空和树木从未如此迷人和美丽,就连普通的房子似乎也充满生气,呈现出异样的美感。我从未感觉到如此心情舒畅,如此头脑清晰,如此难以言喻的"自由"！这种感觉无法用言语表达,但它只持续了几分钟,然后我就醒了。[6]

亏得一个奇怪的小细节（鹅卵石明显改变了位置）,一个在不然几可乱真的场景中显得突兀的细节,这位做梦者得以意识到自己正在做梦。我已经将这样的细节称为"梦境征象"——梦征。几乎每个梦境都有梦征,并且有可能我们每个人都有属于自己的梦征。

一旦你知道如何去寻觅它们,梦征就会像霓虹灯一样,在黑暗中闪烁着发出一条讯息："这是一个梦！这是一个梦！"你可以利用你的日记所提供的丰富信息,从中找出你的梦境如何示意其睡梦本质。然后你可以学着去识别出你最常见或最具标志性的梦征——你的梦境不同于你的醒时世界的那些特别之处。

人们意识到自己在做梦,常常是因为他们注意到了梦境中出现的不寻常或怪异的现象。通过训练自己辨认出梦征,你就可以增强自己运用这种得以在睡梦中自然清醒过来的方法的能力。

但更常见的情况是,人们不会在见到梦征时清醒过来,因为他们通常倾向于对其加以合理化和脑补——他们会编造故事来解释眼前发生的,或者他们会心想："这其中必定有某种解释。"确实,必定有解释,但一个半梦半醒的做梦者很少能够意识到真正的解释是什么。另一方面，当梦征出现在一个已经学会辨认它们的人的睡梦中时，结果往往是一个清醒梦。

> 在旧金山的某个危险区域，不知何故，我开始在人行道上爬行。我心想："好奇怪，我为什么没办法正常走路？其他人在这里可以直立走路吗？难道只有我必须匍匐爬行？"我看见有个穿西装的男人走在街灯下。现在我的好奇心被恐惧取代了。我心想，像这样匍匐前进或许有趣，但并不安全。接着，我又想到，我从未如此做过，我在旧金山总是站着四处行走，这种情况只会在梦中发生！终于，我明白了过来，我一定是在做梦！
>
> （加利福尼亚州伯克利的 S.G.）

有一回，我梦见隐形眼镜从眼睛里掉出来，然后它们像某种单细胞生物般不断分裂增殖。梦醒后，我下定决心，在未来类似这样的梦境中，我将注意到这个分裂的镜片的梦征。确实，借由辨识出这件奇怪之事，我已经做过至少十几个清醒梦。每个人都有自己的个性化梦征，尽管有些我们大多数人可能都很熟悉，像是穿着睡衣去上班。下面的梦征清单可以帮助你寻找自己的个性化梦征，但始终要记住，你的梦征会跟你一样是独一无二的。

梦征清单根据人们通常将自己的梦境经验归类的方式，分成四大类别。第一个类别"内在觉察类"，指的是做梦者（自我）感知到在自己内在发生的事情，比如想法和感受。其他三个类别（行为类、形态类和情境类）则根据梦境的构成元素加以分类。"行为类"包括梦境中所有东西（梦中自我、其他人物和物体）的活动和运动。"形态类"指的是人、物和地点的形状，它们在睡梦中常常是怪诞而变形的。最后一类是"情境类"。有时候，在睡梦中，各种元素（人、物、地点或行为）的组合是怪异的，尽管各构成部分本身并无奇怪之处。这样的奇怪情境就是情境梦征。情境类中还包括诸如你发现自己处在一个自己还不太可能达到的学习做清醒梦的阶段、你在不寻常之地遇见其他人物、你在它们不应该出现的地点发现某些物件、你在扮演你不习惯的角色等。

每个大类别再细分出小类别，并给出了取自真实梦境的例子。仔细阅读这份清单，直到你理解如何辨别梦征。接着，下一个练习会指导你如何整理你自己的梦征清单。接下来章节中介绍的清醒梦诱导术将用到你通过这个练习选出的目标梦征。

○ 梦征清单

1. 内在觉察类

你产生了一个怪异的想法、一股强烈的情绪，感到了一种不寻常的感受，或产生了扭曲的知觉。想法可能是不同寻常的，可能只能在睡梦中出现，或者可能"神奇地"影响到梦境。情绪可能是不得体的，或者意外地铺天盖地袭来。感受可能包括身体麻痹之感或脱离身体之感，以及不同寻常的身体感觉和出人意料突然出现或强烈的性唤起。知觉可能是异乎寻常地清晰或模糊，或者可能看到或听到某样你在醒时生活中将不可能看到或听到的东西。

示例：

想法

- "我试着弄清楚房子和家具是从哪来的，而我意识到思考这件事本身就很奇怪。"
- "当我想着我不想出车祸时，车子就驶离了公路。"
- "当我发现门锁住时，我'希望'它是开着的。"

情绪

- "我感到极其紧张和自责。"
- "我对G很狂热。"
- "我很气我姐，所以我把某个女人送给我姐的东西丢到了海里。"

感受

- "我似乎'灵魂出窍'，我被障碍所挡，但还是挣脱了出来。"
- "突然，我感到一阵性起。"
- "感觉像是有只大手压着我的头。"

知觉

- "不知怎么地，我不用戴眼镜也能看得很清楚。"
- "一切看上去就仿佛我吃了致幻剂之后看到的模样。"
- "不知怎么地，我听得到远处两个人的对话。"

2. 行为类

你、另一个梦中人物，或一个梦中事物（包括无生命物体和动物）在做某种不寻常的事情或某种在醒时世界中不可能做到的事情。行为必须发生在梦境环境中,也就是说,不是内在于做梦者心智的想法或感受。功能异常的装置是"物体的行为"梦征的一个例子。

示例:

    自我的行为

- "我骑着独轮车回家。"
- "我在水底下,但我能呼吸。"
- "做单杠引体向上越做越轻松。"

    其他人物的行为

- "工作人员朝观众丢黏黏的虫子。"
- "D在他老婆面前热情地吻我。"
- "发型师参照一份样板给我剪头发。"

    物体的行为

- "熏香肠起火了。"
- "一只巨大的手电筒飘在空中。"
- "车子越开越快,同时刹车失灵了。"

3. 形态类

    你的外形、一个梦中人物的外形,或一个梦中物体的形状,样子古怪或变得样子古怪。不寻常的服饰和发型都算形态异常。此外,你在梦境中所处的地点(背景)也可能与醒时生活中的有所不同。

示例：

    自我的形态

- "我是一个男人。"（在一个女人的梦境中）
- "我变成了一摞瓷盘。"
- "我是莫扎特。"

    其他人物的形态

- "在我看着她时，她的脸扭曲变形了。"
- "一个长着《黑湖妖谭》中半鱼人的头部的巨人走了过去。"
- "跟现实中的相反，G 的头发剪得很短。"

    物体的形态

- "我看见一只紫色的小猫。"
- "我的钱包完全变形了。"
- "我的车钥匙上写着'Toyama'，而不是'Toyota'。"

    背景的形态

- "海滩的边缘像一座上有长椅的码头。"
- "客厅的形状不对。"
- "我迷路了，因为街道跟我记得的不一样。"

4. 情境类

梦境中的地点或情境有点古怪。你可能置身于你在醒时生活中不太可能去的地点，或者被卷入一个奇怪的社交情境。此外，你或另一个梦中人物可能在扮演一个不同以往的角色。物体或人物可能出现在它们不应该出现的地点，或者梦境发生在过去或未来。

示例：

自我的角色
- "我们是逃犯。"
- "这是一个类似邦德电影的梦境，而我是其中的男主角。"
- "我是一名第二次世界大战中的敌后敢死队成员。"

其他人物的角色
- "我的朋友被指定当我的先生。"
- "我爸爸的举动就像我的爱人 R。"
- "里根、布什和尼克松在开喷气式飞机。"

其他人物的地点
- "我现在的同事和我高中时的朋友在交往。"
- "麦当娜坐在我房间的椅子上。"
- "我已经过世的弟弟出现在厨房里。"

物体的地点
- "我的床在街上。"
- "在我的房间里有一部电话。"
- "墙上长出奶油奶酪和蔬菜。"

背景的地点
- "我在火星上的一个殖民地里。"
- "我在一个游乐园里。"

- "晚上我一个人在海上。"

背景的时间

- "我在小学时的学校。"
- "我在参加第 25 届高中校友会。"
- "我跟我那匹处在壮年期的马在一起。"

情境

- "我在参加一个古怪的仪式。"
- "有部商品广告正在我家拍摄。"
- "两家人被召集到一起,以便相互了解。"

练习 2 为你的梦征编目

1. 记睡梦日记

写日记,记下你的所有梦境。在收集至少十几个梦境后,再进行下一步骤。

2. 为你的梦征编目

在继续收集梦境的同时,标出睡梦日记里的梦征。在梦征下画线,并把它们列在每个梦境记录的后面。

3. 利用梦征清单将你的梦征分类

在列表中的每个梦征旁边,写下它在梦征清单中可能归属的类别。比如,如果你梦见一个长着猫头的人,这可能就是一个形态类梦征。

> **4. 选取作为目标的梦征类别**
>
> 清点每个梦征类别（内在觉察类、行为类、形态类或情境类）出现的次数，并根据多寡排序。最常出现的类别就是你在下一步骤中用到的目标梦征类别。如果出现平局，选取一个你喜欢的就好。
>
> **5. 在觉醒时练习寻找梦征**
>
> 养成习惯，在日常生活中寻找属于你的目标梦征类别的事件。比如，如果你的目标类别是行为类，就留意你自己、其他人、动物、物体和机器的行为和运动。努力做到完全熟悉这些事物在醒时生活中的通常表现。这样当它们在梦境中表现得不同寻常时，你就能够注意到异样之处。

为成功设定目标

做清醒梦是一种心理表现，而你可以借助一些为增强表现而发展出来的心理学方法来改善你的做清醒梦技能。运动心理学家已经就改善运动表现做过大量研究。而他们的研究所发现的最具威力的工具之一就是目标设定的理论和实践。[7]

目标设定确实有用。有研究人员在回顾超过 100 个研究后指出："目标设定对于任务表现的正面效应，是心理学文献中最可经受检验、最可被重复的发现之一。"[8] 此外，相关研究还揭示了如何正确进行目标设定的许多细节。

下面是一些可以帮助你更好地学习做清醒梦技能的小提示，改编自一位研究人员在目标设定上的相关发现。[9]

练习 3　为成功设定目标

1. 设定具体、明确、数字化的目标

这样的目标是个性化的，与你的潜力以及已经表现出来的能力都有关。取决于你想要达到的程度，你可能想要每晚记起一个睡梦或每晚两个，或者在下周或下个月内做至少一个清醒梦。在我开始我的博士研究时，我给自己设定的目标是增加每个月我做清醒梦的次数。这使得我可以轻松评估我在实现具体目标过程中的表现。

2. 设定困难但现实的目标

对于许多人而言，做一个清醒梦是一个困难但现实的目标。对于更高阶的梦境探索者而言，一个更适合的目标可能是学会在梦境中飞翔，或者直面一些令人害怕的人物。你的表现将随着你的目标越高而相应提升越多，只要它们是在你能力所及的范围内。

3. 设定短期和长期目标

设定短期目标，比如记起一定数量的梦境，或者每天完成一定数量的状态检测（参见第三章）。此外，也要规划长期目标，比如至少每个月做一个清醒梦。为想要达到的一定掌握程度设定一个日期，比如"我想要在6月1日前做四个清醒梦"。

4. 记录并评估你的进步

当你达到一个之前设定的目标，比如一个月内做12个清醒梦时，

> 记录下这个成就。当你达到一个目标后，设定一个新的目标。或者，如果你因为远远达不成目标而感到沮丧，给自己设定一个压力没有那么大、更合乎现实的目标。在你的睡梦日记里记录下相关的数据和说明。一个图表可以让你的进步更直观。

如何安排你的努力以取得最佳成效

许多清醒梦的做梦者都报告说，他们的清醒梦最常出现在黎明时分的睡眠中。对此的一个部分解释是，睡眠的后半段会比前半段出现更多的 REM 睡眠。此外，在实验室所做的清醒梦出现时间的分析表明，清醒梦出现的相对可能性随着一个个 REM 睡眠期的推进而持续增加。[10]

为了说明这一点，假设你平常睡八个小时。一晚上下来，你很有可能将经历六个 REM 睡眠期，并且其中的最后三个出现在睡眠的最后四分之一时间里。根据我们的研究，你在睡眠的这最后两个小时做清醒梦的概率超过在前六个小时的两倍。这也意味着，如果你把平常的睡眠时间缩减两个小时，你就减少了一半做清醒梦的机会。反过来，如果你平常只睡六个小时，你就可以通过延长两个小时的睡眠时间来让你做清醒梦的机会翻倍。

这里的结论很明显：如果你想要鼓励清醒梦出现，不妨延长你的睡眠时间。如果你对做清醒梦是玩真的，并且能够找出额外的时间，那么你应该安排每周至少一个早上睡得比平常更长久。

尽管大多数人喜欢睡懒觉，但不是所有人都有这种余裕。如果你发现自己实在没有办法花更多时间在床上，这里有一个简单的秘诀，可以帮助你提高做清醒梦的频率而不要求比平常更多的睡眠时间。

这个秘诀是重新安排你的睡眠时间。如果你平常是从午夜睡到早上六点，那么你可以在凌晨四点起床，保持觉醒两个小时，并在此期间处理你需要处理的事情。然后你回到床上，从六点继续睡到八点。在这两个小时延后的睡眠期间，你会经历比平常相应的睡眠期间（四点到六点）更多的 REM 睡眠，从而你既可以提高做清醒梦的概率，又不用花更多时间在睡眠上。

一些做清醒梦的爱好者将重新安排睡眠时间作为他们的清醒梦诱导仪式的一个常规部分。比如，艾伦·沃斯利就报告说，当他想要做清醒梦的时候，他会在清晨一点半上床，并睡不超过六个小时，大概从两点睡到七点四十五分，然后闹钟会叫醒他。接着，他起床吃早餐、喝茶、看报、收信等，保持觉醒两三个小时。到九点或九点半，他会细致写下有关他想在清醒梦中进行的具体实验或活动的计划和意向。然后他再回到床上，并通常会在十点或十点半前入睡。他接着会睡上好几个小时；在此期间，他常常会做清醒梦，有时接连数个清醒梦，持续长达一小时。[11]

重新分配睡眠时间可以有效帮助你做清醒梦。务必尝试一下。只需一点点努力，你就可以获得丰硕的回报。下面这个练习将帮助你开始尝试。

练习 4　为做清醒梦安排时间

1. 设定闹钟
在上床前，将闹钟调到比平常早两三个小时响，然后在你平常的就寝时间上床。

2. 在凌晨立即起床
闹钟响后立即起床。你需要保持觉醒两三个小时。在此期间，处理你的日常事务，然后提前半个小时回到床上。

3. 专注于你对于清醒梦的意向
在重新入睡前的那半小时内，思考你想在清醒梦中达成什么：你想去哪里？你想见谁？你想做些什么？你可以利用这段时间在心里孵化一个关于特定主题的梦境（参见第六章）。如果你正致力于实践本书后面章节所提到的任何做清醒梦的用途，这是一个很好的时机来做与该用途相关的练习。

4. 回到床上并使用清醒梦诱导术
由于在你初次醒来后已经过去两三个小时，需要确保你睡觉的地方在接下来的几个小时里可以保持安静不受打扰。上床，并使用对你效果最好的清醒梦诱导术。这样的方法将在接下来的两章里介绍。

5. 让自己睡上至少两个小时
设定闹钟或让人叫醒你，但需要确保让自己睡上至少两个小时。这次你有可能经历至少一次长的 REM 睡眠期，或许还能到两次。

清晨时分适合做清醒梦还有另一个原因。尽管在睡眠开始时，我们需要花上一个到一个半小时才能达到 REM 睡眠期，但在经过数小时的睡眠后，我们常常可以在短暂觉醒后的几分钟内就进入 REM 睡眠。有时候，我们可以从睡梦中醒来，然后片刻之后又再次进入梦乡。这些事实使得另一种类型的清醒梦变得可能，那就是我们将在第四章讨论的直接从觉醒状态进入的清醒梦。

最后的预备工作：学习深层放松

在你准备好开始实践清醒梦诱导术之前，你还需要能够让自己进入一种警觉的放松状态——心智警觉而身体深度放松。下面两个练习将告诉你如何做到。它们可以帮助你将白天的烦恼从心智中抹去，使得你可以专注于清醒梦的诱导。做清醒梦需要**集中精神**；如果你心有旁骛而身体紧绷，你就几乎不可能做到。所以在进入下一章之前，务必先掌握这些至关重要的方法。

练习 5　渐进式肌肉放松法

1. 在硬的表面上平躺下来

如果你无法平躺,也可以坐在一把舒服的椅子里。闭上双眼。

2. 留意呼吸

注意你的呼吸,让它逐渐加深。做几次完全呼吸:慢慢吸气,让横膈膜稍微下降,腹部膨胀,并让空气由下而上充满整个肺部。在呼气时深深地吐气,借此释放肌肉的紧绷感。

3. 渐进式地绷紧和放松每个肌肉群

绷紧,然后放松你身体的每个肌肉群,一次一个。先从你的惯用手开始。将手从手腕处尽量往外弯曲,就好像打算将手背贴到前臂上。紧紧地维持五到十秒钟。留意这时手部肌肉的紧绷感。释放紧绷的肌肉并让手放松,并注意这两种状态之间的差异。再次将手绷紧和放松。暂停二三十秒,在此期间做一次深深的腹式呼吸。对另一只手重复这个过程。然后陆续对前臂、上臂、额头、下巴、颈部、肩膀、腹部、背部、臀部、双腿和双脚,重复这个绷紧、放松、再绷紧、再放松的过程。在每个主要肌肉群之间暂停一下,深呼一口气,并在呼气过程中释放更多的紧绷感。

4. 放下所有紧绷感

在轮流做完所有的肌肉群后,让它们全部放松。如果哪里仍然感觉到紧绷,就对那里再做一次绷紧和放松的活动。想象紧绷感犹如无形的液体流出你的身体。在你每次绷紧和放松的时候,提醒自己放松的程度要超过之前紧绷的程度。

(改编自雅各布森。[12])

练习 6 61点放松法

1. 研究点位

图2.1给出了全身的61个放松点。为了做这个练习,你需要记住这些点的顺序。(这其实并不难,因为点的排布遵循一个简单模式。)它们从额头开始,沿着右手臂往下并折返,接着绕行左手臂,然后往下到躯干,再绕行右脚和左脚,最后回到躯干和额头。

2. 每次集中注意力于一个点

先从额头开始。将你的注意力集中在眉毛间,并想象点1的位置。将注意力保持在点1几秒钟,直到你感到自己对于这个位置的觉察非常清晰明确。想象你自己处在这个点上。在你移动到下一个点之前,你应该感到在这一点上有种暖暖的、沉重的感觉。

3. 顺次移动到每个点

以相同的方式,顺次集中注意力于前31个点。慢慢地推进这个过程,在移动到一个点时,想象你自己处在这个点上。在继续移动之前,要在这一点上感到暖意和沉重感。不要让你的心神涣散。一开始,你可能会觉得这难以办到;时不时地,你会发现自己突然忘记正在做练习,并开始做起白日梦或胡思乱想起来。如果你忘了进行到哪个点,回到起点或你记得的最后一个点,然后继续。先练习这31个点,直到你能够心无旁骛地完成它们。

4. 扩展到所有61个点

当你可以顺利完成前31个点时,重复步骤2和步骤3,做完全部61个点。不断练习,直到你能够全神贯注地完成所有的点。现在,你已经准备好开始练习清醒梦诱导术了。

(改编自拉玛大师。[13])

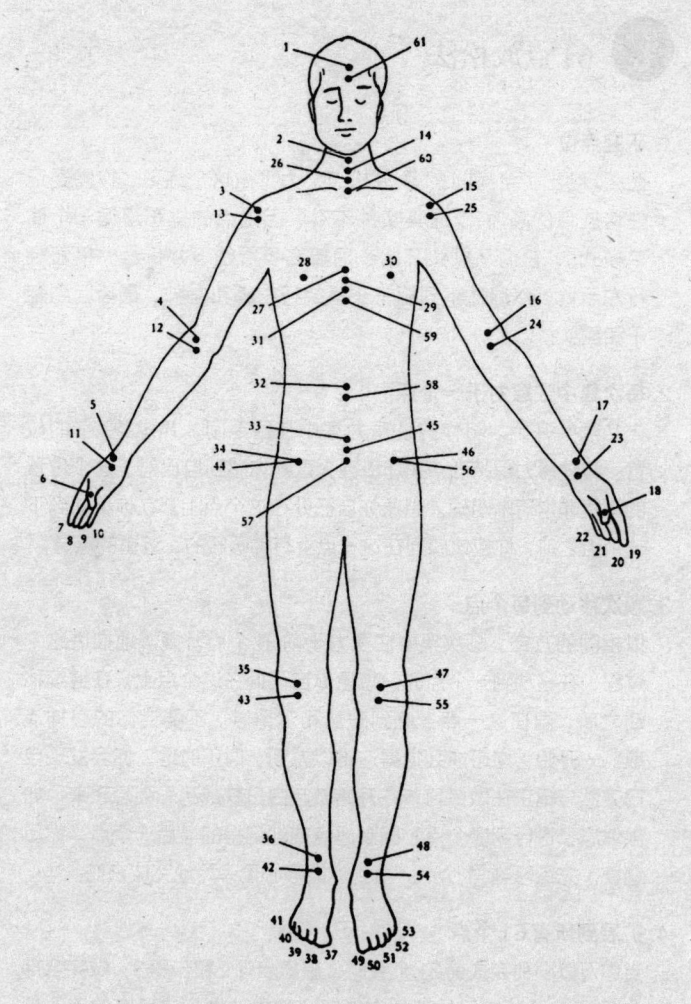

图 2.1 61 个放松点 [改编自: Swami Rama, *Exercise Without Movement* (Honesdale, Pa.: Himalayan Institute, 1984)]

第三章 在睡梦中清醒过来

做清醒梦比你可能认为的更容易

在开始做这一章的练习之前,你应该能够记起至少每晚一个梦境。你也应该已经在睡梦日记里记录下十多个或更多的梦境,并且已经从这些梦境中找出了你的一些个性化梦征。现在你已经准备好学习旨在帮助你做到第一个清醒梦的方法,如果你还没有做过一个的话。经过一些努力,同样的这些方法可以帮助你学会随心所欲地做清醒梦。

在开始之前,我还是希望再多说一句经验之谈,而它可能可以帮助你避免一点弯路。有时候,人们会产生一些心理滞碍,这些心魔将使得他们无法按照自己的意向诱导清醒梦。他们通常将做清醒梦视为一个非常难以达到的状态。而相信如此似乎就使它变得如此了。然而,我已经学会如何随心所欲地做清醒梦,所以我知道它是可以做到的,并且我还知道它其实很容易做到——只要你知道如何去做。我教会数百人如何做清醒梦的切身经验也表明,只要勤加练习,几乎每个人都可以取得成功。没人敢说你需要花费多长时间才能学会做清醒梦;这取决于你的梦境回忆、动机、练习次数,以及一个我们可以称之为"做清醒梦天分"的因素。即便我自己拥有想要做清醒梦的强烈动机,并且原本已经每周能做三四个清醒梦,但我还是花了两年半的时间才最终达到随心所欲做清醒梦的程度。不过,在当时,我必须自己摸索方法。现如今,你已经可以利用现成的方法,利用那些经过其他清醒梦做梦者测试和改善的方法。

如果你没有马上取得成功,不要感到失望,也不要放弃!只要坚持下去,几乎每个人都能够通过练习得到改善。总之,做清醒梦比你可能认为的更容易。

○ 找到对你效果最好的方法

接下来的两章将给出多种不同的清醒梦诱导术。我们将重点放在了对大多数人效果最好的方法上。不过,鉴于在生理特征、人格和生活方式上的个体差异,不同的方法对不同的人效果并不一样。比如,第四章所描述的方法就很适合(但绝非只限于)那些入睡快的人使用。因此,我们力求完整,将大多数已知的清醒梦诱导术都收录了进来。你可以尝试任何吸引你的方法。而一旦你理解了清醒梦诱导的原理和实践,你也可能希望融汇各家所长,发展出你自己的方法。不管怎样,多加实验,多多观察,坚持不懈:你终究会找到一条适合你的道路。

如果做心理练习对你而言是一个全新概念,你可能会不确定自己能否成功完成它们。本书附录中有一个练习,称为"强化你的意志"，就旨在帮助你学会如何通过心理努力来做成事情。做这个练习将改善你使用本书所提到的各种诱导术的成功率。

批判性状态检测

○ **在两个世界之间搭建一座桥梁**

现在暂停一下，试问自己如下一个问题："我此刻是在做梦，还是醒着的？"不开玩笑，认真想想。试着尽自己最大所能去回答这个问题，并准备好为自己的答案辩护。

现在你有了一个答案，接着问自己另一个问题："在平常的一天里，我会多常问自己是在做梦，还是醒着的？"除非你主修哲学，或者已经在练习做清醒梦，否则答案很有可能是从来不会。如果你在醒着时从未问过自己这个问题，你认为你在做梦时又会多常问自己这个问题呢？再一次地，由于你在睡梦中习惯性所思所做的事情与你在醒着时习惯性所思所做的是一样的，所以答案很有可能也是从来不会。

这里的意涵应该很清楚了。你可以利用醒时生活的习惯与梦中生活的习惯之间的关系来帮助你诱导清醒梦。一个在睡梦中清醒过来的方法就是**在你做梦的时候**问自己是否在做梦。而为了做到这点，你应该养成习惯，在醒着时常常问自己这个问题。

○ 批判性官能

你的心智的一部分在负责"现实检测",也就是说,判定刺激是来自内在,还是来自外在。奥利弗·福克斯将这个批判性反思系统称为"批判性官能",并认为它在普通的睡梦中通常是"睡着的"。他也相信,这个官能对于变清醒而言至关重要。为了在睡梦中清醒过来,福克斯写道:

> 我们必须唤醒批判性官能(它看上去在睡梦中很大程度上是不活跃的),并且在这里,也存在活跃程度之不同。比如,假设在我的梦中,我身处一家咖啡馆。隔壁桌坐着一位非常吸引人的女士——只不过她长着四只眼。下面给出了批判性官能的不同活跃程度的例子:
>
> (1)在梦中,它差不多是沉睡的,只是在我隐约感到这位女士有点不对劲时才苏醒过来。然后突然之间,我明白了过来——"我说嘛!她长着四只眼!"
>
> (2)在梦中,我表现出些许的惊讶,并说:"真奇怪,这个女人长着四只眼!这毁了她俊俏的容貌。"但我这样说时的语气,就仿佛我在说:"真可惜她的鼻梁断了!不知道她是怎么弄坏的!"
>
> (3)批判性官能现在更加觉醒;长了四只眼被视为一个异常,但这个现象的意涵还没有得到完全理解。我惊讶得叫出声,接着我又安慰自己说:"想必是镇子里来了一个怪人秀或马戏团。"因此,我游走在完全理解的边缘,但终究似懂非懂。

(4) 我的批判性官能现在完全觉醒,并拒绝接受这个解释。我顺着思路继续思考下去:"但从来没有这样一种怪人!一个长着四只眼的成年女性——这不可能!我必定是在做梦。"[1]

接下来的挑战就是,如何在就寝前启动批判性官能,使得当梦中出现需要它加以解释的怪异现象时,它仍然能够维持足够的活跃程度,得以正常发挥功能。

从自己十多年来针对超过两百名受试者所做的研究中,保罗·托莱最近整理出了多种清醒梦诱导术。托莱声称,一个在睡梦中清醒过来的(尤其对初学者而言)有效的方法是,发展出一种对于自己的意识状态的"批判性反思态度"。这可以通过在觉醒时经常问自己是否在做梦而做到。他再三强调,尽量经常地问自己这个"批判性问题"("我是不是在做梦?"),有事没事每天至少五到十次,而每当你处在一个看上去似梦的情境中时,这时更不能轻易放过。在似梦的情境中问这个问题之所以重要,是因为在清醒梦中,问批判性问题的情境通常类似于你在白天时可能问这个问题时的情境。在上床前以及在入睡过程中问这个问题也可以有帮助。我们已经将这些诀窍都整合进了下面这个对于托莱的反思法的改编中。

练习 7　批判性状态检测法

1. 规划何时检测你的状态

选取白天中的五到十个不同情境来检测你的状态。这些场合应该与你的梦境在某些方面有点类似。每当你遇到一样与某个梦征相似的东西时,检测你的状态。每当出人意料或不可能发生的事情发生,或者你体验到某种不同寻常强烈的情绪时,检测你的状态。如果你的有些梦境反复出现,那么任何与屡屡梦到的内容有关的情境就是理想之选。比如,如果你反复梦到与恐高有关的焦虑梦境,那么当你过桥或来到大厦的高层时,你应该做一个状态检测。

比如,张三决定只要遇到以下场合就检测自己的状态:

(1) 他踏进一部电梯(这是他许多焦虑梦境的来源);

(2) 他跟老板说话;

(3) 他看到一个美女;

(4) 他看到一处印刷错误;

(5) 他上厕所(他已经注意到,他梦中的厕所常常很奇怪)。

2. 检测你的状态

尽量经常地(在步骤1中所选取的至少五到十个具体情境中)问自己这个批判性问题:"我是在做梦,还是醒着的?"不要只是机械式地提问,然后漫不经心地回答:"显然,我是醒着的。"否则,在你实际上在做梦时,你也会如此回答。看看周围是否有可能表明你正在做梦的不寻常或不对劲之处。回想一下在过去几分钟里发生的事情。你在回想刚刚发生的事情上是否遇到了困难?倘若如此,你可能就正在做梦。至于如何正确地回答批判性问题,相关指导可参见下一节的建议。

(改编自托莱的反思法。[2])

○ 有关状态检测的诀窍

正如大多数人已经从切身经验中了解到的，做梦者并不总是脑子很清楚。在思考自己是否在做梦时，他们有时会错误地认为自己是醒着的。如果你以错误的方式去检测现实，这样的事情就可能发生在你身上。比如，你可能在睡梦中错误地认为自己不可能处在梦中，因为周围的一切都看上去如此真切和真实。或者你可能根据那个经典测试狠狠掐自己一下。但这很少会（根据我自己的经验，则从来不会）将你从梦中唤醒。相反，你只会感受到一种真真切切的被掐感觉。

当做梦者试图告诉其他梦中人物他们可能处在一个梦境中时，他常常会遭到驳斥，就像在下面这个例子中：

> 有一个清醒梦表现的是我在高中时住过的房子。房子里有一个花园，那里可以说是整个庭院里最棒的地方。我的一位密友也在那里。当我以现在的意识看着那栋房子时，尽管它看起来完整无损，但事实上，它早在七年前就被铲平了。现在它却真真切切地矗立在我眼前。我立刻明白自己正处在梦境之中，所以我转向我的朋友，想把他唤醒，让他意识到我们正处在一个梦中。如果他也能意识到这一点，我们将可以去我们想去的任何地方，做我们想做的任何事情。然而，他怎么也不听我的话，坚持说一切是真实的，还说我读了太多卡洛斯·卡斯塔尼达的书。他告诉我，我应该多读福音书才对。
>
> （北卡罗来纳州哥伦比亚的 P.K.）

这个故事的寓意是，不要听别人怎么说，而要靠自己去检测现实！尝试飞翔是一个被许多清醒梦做梦者所采用的更为可靠的测试。对此最简单的做法是，跳起来，并试图延长你的滞空时间。如果你在空中比正常情况下多停留了哪怕一段非常短的时间，你就可以确定自己是在做梦了。

在你每次做状态检测时进行相同的测试。就我的经验而言，最好的测试是下面这个：找出一段文字，把它读一遍（如果可以做到的话），接着看向别的地方，然后回过头再读一遍，看看那段文字是否维持原样。每次我在自己的清醒梦中进行这个测试时，文字都会以某种方式发生变化。那些字词可能不再说得通，或者字母可能变成象形文字。

如果你通常戴的是电子表，另一个同样有效的测试是，你看表面两次；在睡梦中，它永远不会以正确的方式行事（也就是说，数字以你预期的方式改变），并且通常不会显示任何说得通的东西（可能它显示的是梦中标准时吧）。顺便一提，这个测试只对电子表有效，而无法应用到老式的指针手表上，后者有时可以相当令人可信地显示梦中时间。有一次，当我决定做一个状态检测时，我看向我的手表，并发现它已经变成了一只相当逼真的指针手表。但我并不记得自己曾把原来的电子表换成现在手腕上戴的米老鼠手表，所以我意识到自己必定在做梦。在进行这个测试时要小心：你可能会冒出某种荒谬的合理化理由来解释为什么你无法正确读取时间，比如"可能电池快没电了"或"灯光太暗，看不清表面"。

一般而言，如果你想要区分梦境状态与觉醒状态，你需要记住，尽管梦境可以看上去像醒时生活一样生动逼真，但它们要善变得多。在大多数情况下，你需要做的只是用批判性的眼光看待周围的一切，而在梦境中，你必定会注意到一些不同寻常的变化。

当你怀疑自己在做梦时，你可以通过状态检测找出自己处境的真相。因此，你通常把它当作在睡梦中清醒过来的最后一步。而随着不断练习，你会发现自己花费越来越少的时间在检测梦征上，而是更常从怀疑自己在做梦直接跳到**知道**自己在做梦。你可能会发现，只要你感到确实有需要检测现实，**这个感觉本身就足以证明你在做梦**，因为在醒着的时候，我们几乎从来不会正经怀疑起自己是否真的是醒着的。³ 因此，关于状态检测，简而言之一句话：只要你正经怀疑起自己可能只是在做梦，你十有八九确是如此！

意向法

在觉醒时培养一个心智状态，以期将它带入睡梦状态，借此诱导清醒梦，这个思路已经被藏传佛教徒使用了超过一千年。这些方法的起源因年代久远而不可考。它们据说源自一位来自现今阿富汗的、被称为冈巴拉的大成就者，后来由藏传佛教的奠基者莲花生大士引入藏地。⁴

这些教诲一代代传承至今，并由沃尔特·埃文斯-温茨在1935年进一步将它们引介到了西方。他编辑的《睡梦瑜伽》一书收集了多份古代手稿，给出了多种方法去"理解睡梦状态的本质"（也就是说，诱导清醒梦）。[5] 大多数藏传佛教方法明显是为有经验的冥想者量身打造的。它们涉及诸如观想复杂的图案（比如莲花座上的梵文字母），以及特殊的呼吸法和专注力训练。有朝一日，当成千上万的人精通了本书所讨论的梦境探索方法时，或许我们将足以登堂入室，从藏传佛教传统中学到更多。但就目前而言，我们先将藏传佛教方法的精华提炼出来，在这一章及下一章加以介绍。

练习 8　决心之力量法

对清醒梦的初学者来说，最相关的藏传佛教方法是所谓的"通过决心的力量理解它"，即不论是在觉醒状态，还是在睡梦状态，都"下定决心要维持不间断的意识连续性"。它涉及一个日间练习和一个夜间练习。

1. 日间练习

在白天，"在不论何种情形下"，持续不断地想着"一切有为法，如梦幻泡影"（也就是说，你的经验是你的心智的一个建构），并下定决心要洞悉其真正本质。

2. 夜间练习

在夜晚，在你准备就寝前，"下定决心"要理解睡梦状态——也就是说，意识到它是不真实的，只是一个梦。（可选练习：向你的上师祈祷，祈求自己将能够理解睡梦状态。对于大多数人来说，这个可选项很有可能需要稍加调整。如果你有自己的上师，

> 直接祷告即可。如果你没有上师，但有祷告的习惯，那么就像平常那样祷告。你也可以向你心目中与做清醒梦联系在一起的一个象征性人物祈祷。如果你既不祷告，也没有信赖的上师，不妨跳过这一步，或者自己做出判断。）
>
> **附注**
> 所谓"日有所思，夜有所梦"，如果你在白天花了足够的时间想着"一切有为法，如梦幻泡影"，那么有可能到最后，你在做梦时也会继续这样想。
>
> （改编自埃文斯-温茨。[6]）

○ 个人案例

20 年前，我参加了达唐祖古在加州大苏尔的埃瑟伦研究所（Esalen Institute）举办的一个藏传佛教研习班。当时他从印度来美，"才刚刚下船"，所以根本说不了多少英语。而那些难得不那么支离破碎的地方也时常为他自己的笑声所打断。我原本预想会听到对于高深理论的深奥解释，但我最终收获的却远比这更为珍贵。

上师会指着我们周围的世界随手一挥，并一本正经地宣布："这个……梦！"接着他又会笑起来，并指着我、其他某个人或物体，以一种看上去非常神秘的方式坚持说："这个梦！"然后随之又一阵笑声。最终他还是成功地将这样一个想法传递给了我们（我不知道这是如何做到的，而鉴于现场其实没有说多少话，所以我不排除心灵感应的可能性），即我们应该尝试将我们的所有经验看成梦境，并试图在睡梦和觉醒两个状态之间维持不间断的意识连续性。当时我不觉得我的练习做得很顺利，但在周末结束后，在返回旧金山的路上，我出乎意料地发现我的世界有所拓展了。

几天后，我做了自我五岁时做了系列历险梦以来我记得的第一个清醒梦。在梦中：

> 雪轻轻地落下。我一个人在攀登乔戈里峰。随着我在陡峭的雪堆里艰难跋涉，我惊讶地注意到自己是光着手臂的。我只穿着短袖上衣，这可不是攀登世界第二高峰的合适着装！我立刻意识到自己在做梦！我如此兴奋，以至于我从山上跳了下去，并开始飞远。但梦境逐渐消退，然后我就醒了。

我将这个梦诠释为一个提醒，提醒我还没有准备好去接受藏传佛教睡梦瑜伽的严格训练。但这也是一个起点，我继续在此后八年陆陆续续做了一些清醒梦，直到我开始认真训练做清醒梦。顺便一提，在这个梦中，我在清醒过来后的冲动行为是初学者的典型做法。要是我现在再做一次这个梦，我就不会仓促地跳下山崖。相反，我会试图飞向山巅，找出我攀登这座山峰的原因，除了"因为它在那里"之外的原因。

○ 适合西方人的意向法

很少有西方人会一下子就弄明白诸如上师之类的东方概念，

但意向的概念他们应该足够熟悉。尽管大多数人据称都偶尔经历过自发产生的清醒梦，但如果我们不意图如此，清醒梦其实很少会发生。因此，如果我们想要更频繁地做清醒梦，我们必须先从培养想要在睡梦中意识到自己在做梦的意向开始。如果你一开始做得并不顺利，可以提醒自己这样一条藏传佛教的训诫，即每天早晨要做不下 21 次努力去"理解睡梦状态的本质"。保罗·托莱对于利用决心的力量诱导清醒梦的藏传佛教方法的一个变体进行过大量实验。[7] 下面是我对于托莱的方法的改编。

练习 9　意向法

1. 下定决心要意识到自己在做梦

在凌晨时，或者在黎明时睡眠的一次短暂觉醒期间，清晰且自信地确认自己要记起想要意识到睡梦状态的意向。

2. 想象你意识到自己在做梦

尽可能生动地想象你正处在一些通常会让你意识到自己在做梦的梦境中。将多个你最常梦到或最喜欢的梦征纳入你的想象中。

3. 想象自己进行一个自己下定决心要做的梦中行为

在进行辨认梦征的心理练习之外，下定决心要在睡梦中进行某个自己选取的行为，最好是那些本身是梦征的行为。比如，想象自己在梦中飞翔，然后借此辨认出自己在做梦。在这样做时，确保自己要下定决心，下一次再接再厉也要意识到自己在做梦。

> **附注**
>
> 之所以立下要在睡梦中做某个特定行为的意向，是因为做梦者有时候会在清醒过来之前记起要做这个行为。然后在经过反思后，他们会记起："这正是我想要在自己的睡梦中做的事情！因此，我必定是在做梦！"你意图做的行为应该是一个梦征，因为如果你发现自己在做这个梦中行为，你更有可能通过意识到这个梦征而清醒过来。

托莱的综合法

托莱声称，在他所讨论的多种清醒梦诱导术中，批判性状态检测是最为有效的，没有之一。[8] 他的综合法则以批判性状态检测为基础，并兼顾了一些来自他的意向法和自我暗示法的要素。他并没有明说综合法是否比反思法更为优越，但我们相信它有可能更有效。托莱猜想（显然这里他指的是综合法）：

> 只要持续遵照建议进行，任何人都能够学会做清醒梦。之前从未做过清醒梦的受试者，在经过平均四到五周后就做了第一个清醒梦。不过，个体差异很大。在最顺利的情况下，受试者在第一晚就做了清醒梦；在不顺利的情况下，则要在好几个月之后才终于做了清醒梦。通过练习以建立心智的批判性反思框架只是在开始阶段

才需要，而这个阶段可能持续数个月时间。到后来，即便受试者没有在白天问自己批判性问题，清醒梦也会出现。这时清醒梦的出现频率在很大程度上取决于受试者的意志。大多数持续遵照上述建议进行的受试者会经历至少每晚一个清醒梦。[9]

下面我根据个人经验对托莱的综合法稍微进行了修改。

练习 10　反思 – 意向法

1. 规划何时检测你的状态

事先选取特定场合，届时你下定决心要记起检测自己的状态。比如，你可能决定在下班回到家时、在每次对话开始时，以及在每个整点时问自己："我是在做梦吗？"选择一个自己觉得合适的状态检测频率。利用视觉意象提醒自己要记起问批判性问题。比如，如果你下定决心要在回到家时提问，那么看到自己打开家门，你就要记起问这个问题。白天做这个练习十次以上，不仅在你选取的场合，也在每次你发现自己身处一个在某个方面似梦的情境时，比如发生了某种出人意料或奇怪的事情，又比如你体验到不合时宜的强烈情绪，或者发现自己的心智（以及记忆）奇怪地没有响应。

2. 检测你的状态

问自己："我是在做梦，还是醒着的？"环顾四周，寻找任何可能表明你在做梦的奇怪之处或不对劲之处。回想一下在过去几分钟里发生的事情。你在回想刚刚发生的事情上是否遇到了困难？倘若如此，你可能就正在做梦。阅读某段文字两遍。不要轻易认定自己是醒着的，除非你有确实的证据（比如，不论你看几次，文字都是一样的）。

3. 想象你自己在做梦

在证明自己是醒着的后，告诉自己："好吧，我现在并不是在做梦。但要是我在做梦，那会是什么样子呢？"尽可能生动地想象自己在做梦。下定决心想象自己现在的所有知觉（听觉、视觉、触觉、嗅觉等）只是一场梦：人、树、阳光、天和地，还有你自己，全都是梦。仔细观察你的环境，寻找你在第二章所选取的目标梦征。想象如果来自你目标梦征类别的一个梦征出现了，那会是什么样子的。

一旦你能够生动地想象出自己处在一个睡梦中时的体验，告诉自己："下次我在做梦的时候，我会记起要意识到自己在做梦。"

4. 想象自己在清醒梦中进行自己下定决心要做的事情

事先决定你想要在下一个清醒梦中做什么事情。你可能想要飞翔，想要跟梦中人物交谈，或者想要进行本书后面章节将提到的清醒梦应用之一。

现在，继续从步骤3开始的白日梦，想象在当下的环境中清醒过来后，你将开始实现自己的心愿：去做自己事先选择要做的事情。下定决心，下次在做梦时，自己将记起要意识到自己在做梦，并去做你下决心要做的事情。

（改编自托莱。[10]）

附注

一开始，你可能会觉得，质问自己所经历的现实的本质是一件很奇怪的事情，但慢慢地，你无疑将发现，每天数次批判性检视现实的本质是一个令人享受的、值得培养的习惯。在我们的研习班上，我们会分发印着"我是在做梦吗？"字样的名片。

> 你也可以将这个问题写在一张名片的背面,并把它装在口袋里。你可以把它取出来,阅读它,然后通过看向别处,再快速调回头看它来进行一次现实检测。如果上面的文字变扭曲,那么你就是在做梦。
>
> 一旦你在醒时生活中养成了一种系统的批判性态度,你迟早会在自己实际上在做梦时也决定进行一次状态检测。然后你就将在睡梦中清醒过来。

清醒梦的记忆术诱导(MILD)

十年前,在为撰写博士论文而开始研究随心所欲地做清醒梦是否可行的过程中,我发展出了一个有效的清醒梦诱导方法。[11]

在尝试使用一些诱导程序之前,我能记起的清醒梦每个月不到一个。而在我进行研究的前16个月里,通过使用自我暗示法(下文将作介绍),我能记起的清醒梦每个月平均达到五个,少则一个,多则13个。(我利用自我暗示法做了13个清醒梦的那个月,正是我开始在实验室研究做清醒梦的第一个月,这一事实恰好说明了动机对于做清醒梦的巨大影响。)然而,在我透过自我暗示诱导清醒梦的那个时期,我根本不知道自己是如何做到的!我只知道自己在就寝前告诉自己:"今晚,我会做一个清醒梦。"但这是如何做到的?我完全没有概念。而不知其所以然意味着我只能听天由命。不理解其中的过程，我就没有什么希望学会随心所欲地做清醒梦。

不过，我还是慢慢观察到了一个与自己做清醒梦相关的心理因素，那就是下定决心要**记起**要意识到自己在做梦的睡前意向。而一旦我意识到自己是如何诱导清醒梦的，我就知道从何处着手了。在分辨出这个意向后，我每个月做清醒梦的频率随即提高。进一步的练习和提炼让我最终归纳出了一个方法，一个让我得以可靠地诱导清醒梦的方法。借助这个方法，我最多可以一个晚上做四个清醒梦，一个月做多达 26 个。现如今，我已经可以对清醒梦招之即来，也已经实现了我当初的目标，即证明通过意志控制而进入清醒梦状态是可能做到的。其他掌握了我的方法的人，现在也能够几乎随心所欲地进入清醒梦的世界。

一旦我意识到当时自己试图在晚些某个时候（也就是说，在我下次做梦时）记起要做某件事情（也就是说，清醒过来），我就能够对症下药，设计出一个方法来帮助我做到这一点。那么我们如何能够在一个睡梦中记起要做某事？或许我们应该先从一个简单一些的问题着手：我们如何能够在普通生活中记起要做某事？

在日常生活中，我们使用某些外在的记忆术或记忆辅助（比如，购物列表、电话本、手指缠线、门上的便签条等）来记起大部分我们要做的事情。但在没有外在提醒物的情况下，我们如何记起"未来的意向"（这被称为**前瞻性记忆**）？动机在这里就扮演了一个很重要的角色。你不太可能会忘记你实在想做的某件事情。

当你为自己设下目标，要记起要做某事时，你就将这个目标纳入你当下的关切之一，从而激活了一个目标寻觅的脑系统，后者将保持部分活跃，直到你完成了目标。如果这个目标对你而言非常重要，这个系统会始终保持高度活跃，而你会念兹在兹，不断检查是不是到该做它的时间了，直到终于**是时候了**。[12] 它从来不会沉到你的意识之下。但更常见的情况是，比如当你决定下次去商店要买些钉子时，由于这件事没有足够重要到值得你挂念在心，所以你去了商店却忘了这个意向。也就是说，除非你在商店的时候，恰巧注意到一盒钉子，或甚至一把锤子，你才会联想到要买钉子。

这揭示了另一个与记起要做某事相关的重要因素，那就是联想。因此，我们可以通过以下两个方法来提高记起要做某事的成功率：其一，具有强烈的动机去记起某事；其二，在我们想要记起去做的事情与我们将去做它的未来情境之间建立心理联想。而这样的联想可通过这样的记忆术（记忆辅助）来大大得到强化，即想象自己正在做你下定决心要记起去做的事情。

通过将诱导清醒梦的问题视为一个前瞻性记忆的问题，我发展出了一种方法来提高记起我想要变清醒的意图的成功率：清醒梦的记忆术诱导（Mnemonic Induction of Lucid Dreams, MILD）。[13] 在收入本书时，我根据个人经验（不仅有亲身实践的，也有教给成百上千人的）对具体步骤进行了修订。请注意下面讨论的前提条件。

○ MILD 的前提条件

为了成功地通过 MILD 诱导清醒梦，你需要具备特定能力。重中之重，如果你在**醒着时**都无法可靠地记起要做的事情，那么你也不太可能在**睡着时**记起做任何事情。所以在尝试 MILD 之前，你需要向自己证明，你确实可以在醒着时记起要做的事情。如果你跟大多数人一样，那么你已经习惯于仰赖外在提醒物，因而需要练习只透过自己的心智力量来记起未来的意图。下面的练习可以帮助你获得使用 MILD 法所需的必要技能。

练习 11　前瞻性记忆训练

1. 阅读当天的目标

这个练习被设计成可供一周的练习之用。下面是每天四个目标事件的列表。早上起床时，阅读当天的目标（不要提前阅读未来几天的目标），并牢记当天的目标。

2. 在当天寻找你的目标

你的目标是，注意到目标事件的下一次发生，并在那时进行一次状态检测："我是在做梦吗？"因此，如果你的目标是"下一次我听见狗叫"，那么当下一次你听见狗叫时，注意到这一点并进行一次状态检测。你的目标是注意到每个目标发生一次——也就是它下一次发生时。

3. 记录下当天你抓到了多少个目标

在一天结束时，记录下你成功注意到多少个目标事件（你可以在睡梦日记中留出空间来记录这个练习的进展）。如果你发现自己没有在目标事件下一次发生的第一时间就注意到它，你就算错过了这个目标，即便你可能注意到它后来的再次发生。如果你确定一个或更多个目标事件在当天一整天都没有发生，在你的睡梦日记中如实记录。

4. 继续这个练习，持续至少一周

继续这个练习，直到你试过下面所给出的所有每日目标。如果在一周结束时，你仍然错过了大多数目标，那就继续练习，直到你抓到了大多数目标。设计自己的目标列表，记录下你的成功率，并留心自己记忆力的发展变化。

每日目标

星期日：

- 下一次我看见宠物或动物

- 下一次我照镜子

- 下一次我打开灯

- 下一次我看见花

星期一：

- 下一次我写下任何东西

- 下一次我感到疼痛

- 下一次我听见有人叫我的名字

- 下一次我喝下任何东西

星期二：

- 下一次我看见红绿灯

- 下一次我听见音乐

- 下一次我丢东西到垃圾桶里

- 下一次我听见笑声

星期三：

- 下一次我打开电视或广播

- 下一次我看见蔬菜

- 下一次我看见红色的车辆

- 下一次我付钱

星期四：

- 下一次我阅读这份列表之外的任何文字

- 下一次我看时间

- 下一次我注意到自己在做白日梦

- 下一次我听见电话响

星期五：

- 下一次我开门

- 下一次我看见鸟

- 下一次我在中午过后上厕所

- 下一次我看见星星

星期六：

- 下一次我把钥匙插进锁孔
- 下一次我看见电视广告
- 下一次我在早餐后吃东西
- 下一次我看见脚踏车

练习 12　MILD 法

1. 准备做梦境回忆

在就寝前下定决心，要在醒后记起晚上每个睡梦阶段中的梦境（或者黎明时的第一个睡梦，或者早晨六点后的，又或者其他你觉得方便的时间的）。

2. 回忆你的梦境

当你从一个睡梦阶段中醒来后，不论此时是几点，努力回忆尽可能多的梦境细节。如果你发现自己即将再次睡过去，想办法让自己保持清醒。

3. 专注于你的意向

在准备再次入睡前，一心一意集中在你想要记起要意识到自己在做梦的意图上。告诉自己："下一次我做梦时，我想要记起自己在做梦。"努力让自己感到你对此是认真的。将你的思绪集中在这个想法上。如果你发现自己在想着别的事情，就让它们随风飘散，而让你的心思回到你想要记起在做梦的意图上。

4. 想象自己变清醒

与此同时，想象你回到刚才的梦境，但这次你认出了这是一个梦。在其中寻找一个梦征，而当你看见它时，你对自己说："我在做梦！"然后你继续自己的幻想。比如，你可能决定在变清醒后想要飞翔。在这种情况下，想象当你在这个幻想中"意识到"自己在做梦时，你立即离开地面飞了起来。

5. 重复

重复步骤3和步骤4，直到你的意向牢牢确立，接着让自己再次入睡。如果你在入睡过程中发现自己还在想着别的事情，重复这个程序，直到你在入睡前的唯一念头是你的这个意向：想要记起要意识到下一次自己在做梦。

附注

如果一切进行得顺利，你会入睡，发现自己进入梦乡，然后这时你会记起要意识到自己在做梦。

如果在练习这个方法的过程中，你要花很长的时间才能入睡，不要担心：你觉醒的时间越长，你就越有可能会在最终入睡后做清醒梦。这是因为你觉醒的时间越长，你重复 MILD 程序的次数就越多，从而强化了你想做清醒梦的意向。此外，觉醒状态可能会激活你的脑，使得你在睡梦中更容易清醒过来。

事实上，如果你是一个睡得非常沉的人，你应该在记起梦境后起床，并做十到十五分钟一些需要完全觉醒的事情。比如，开灯看书，或者下床走到另一个房间。最好的活动之一是写下你的梦境，再阅读一遍，标出所有的梦征，以便为 MILD 想象做准备。

许多人在练习了一两晚的 MILD 后就顺利做了清醒梦，其他人则要花费更长时间。不断练习 MILD 会让你更加熟练地掌握做清醒梦。我们的许多高阶梦境探索者就利用它训练自己做清醒梦的能力，以期在自己所选择的夜晚一气做上好几个清醒梦。

自我暗示和催眠法

○ 自我暗示

帕特丽夏·加菲尔德声称,通过使用一种自我暗示法,她"得到了一个经典学习曲线的效果,长时间的清醒梦的出现频率从零增加到了每周三个的高点"。[14] 她后来继续报告说,在使用自我暗示法五六年后,她平均每月可以做四到五个清醒梦。[15] 正如前面已经提到过的,我通过使用这类方法也得到了一个非常相似的结果:在我博士研究的前 16 个月里,我通过自我暗示诱导清醒梦,那时我每个月平均可做 5.4 个清醒梦。[16]

托莱也曾经使用自我暗示法做实验,但可惜的是,除了提到可以利用特殊的放松法来改善暗示效果之外,他没有给出更多细节。[17] 托莱建议,应该在放松状态下,在即将入睡前使用自我暗示,并且要极力避免用力过度。

有心之意向与无心之暗示之间的区别是有趣的,或许也可以解释我尝试按需做清醒梦的一些早期经验。在我试图在实验室里做清醒梦的一开始几次尝试中,我使用了自我暗示,而我发现用力过度(有心之意向)反而会产生反效果。这让我很是沮丧,因为我被要求在睡实验室的那个晚上必须做一个清醒梦。通过自我暗示法每周做几个清醒梦,对我来说并不够,因为我需要赶在睡实验室的那几个晚上梦到它们。然而,在我发展出 MILD 法后,我发现自己可以用力尝试,并且总是能够取得成功。这是因为

MILD 涉及有心之意向。使用自我暗示法，我在睡实验室的六个晚上中只有一个晚上做了一个清醒梦；而使用 MILD 法，我在睡实验室的 21 个晚上中有 20 个晚上做了一个以上的清醒梦。

由此可以明显看出（至少对我而言），自我暗示法不如其他一些清醒梦诱导术，比如 MILD 法有效。不过，由于其无心之性质，对于那些希望找到一个相对不用太花力气的方法而愿意接受其相对低效的人来说，它可能是一个折中之选。另一方面，对于那些高度容易被催眠的人而言，自我暗示法可能是一个解决清醒梦诱导难题的有效解法。在我们后面讨论催眠后暗示的时候，我们将看到这一点。

练习 13　自我暗示法

1. 完全放松

躺在床上，轻轻闭上双眼，放松头部、颈部、背部、双手和双腿。完全放松的肌肉和心智的紧绷感，缓慢且平静地呼吸。享受放松的感觉，抛开你的想法、忧虑、挂念和规划。如果你刚从睡梦中醒来，你很有可能已经充分放松了。不然的话，你可以使用练习5的渐进式肌肉放松法。

2. 告诉自己你会做一个清醒梦

在处于深度放松状态时，暗示自己会做一个清醒梦，要么在当天晚上的晚些时候，要么在近期的某个晚上。避免把话说得太

> 死,比如"今晚我会做一个清醒梦"。如果这样言之凿凿却连着一两个晚上都未能如愿,你可能会发现自己将迅速失去自信。相反地,试着将自己置于预期会在当晚或近期做一个清醒梦的心理框架当中。让自己满心期待即将到来的清醒梦。期待它的到来,但也要乐于顺其自然。

○ 催眠后暗示

如果自我暗示可以提高你做清醒梦的频率,那么使用催眠后暗示可能会大大增强这个效果。事实上,查尔斯·塔特就猜测,催眠后暗示可能是"最强大的通过睡前暗示来控制梦境内容的方法"。[18] 睡梦中的清醒状态可以被视为某种梦境内容,因而或许也会受到催眠后暗示的影响。我曾经在三个场合利用催眠后暗示做实验,并且成功了两次。[19] 我只是普通容易被催眠的人。对于高度容易被催眠的受试者而言,催眠后暗示可能会是一种非常有效的方法,无疑值得进一步研究。

关于利用催眠后暗示诱导清醒梦,目前仅有的其他参考资料是临床心理学家约瑟夫·戴恩的突破性博士论文。在此,我们将只关注这份研究的其中一个有趣层面。30位从未做过清醒梦的女大学生被分成两组,分别接受数次催眠,然后每人在实验室接受一个晚上的监测。其中一组(催眠后暗示组)从她们在催眠状态下所想象的关于睡梦的意象中找出了个性化的"睡梦符号"。另一组（控制组）也被催眠，但未被要求找出个性化的睡梦符号。然后在重新被催眠后，催眠后暗示组的女性被指示要在当晚的睡梦中通过想象自己的睡梦符号而清醒过来。最后经过一个晚上在实验室的睡眠，她们所报告的清醒梦，相较于控制组的清醒梦，要持续时间更长，并且与个人关系更密切。跟踪调查表明，催眠后暗示组的女性后来继续有做清醒梦，并且数量比控制组的多。[20]

技术心理学：清醒梦的电子诱导

本章所讨论的清醒梦诱导术是将你想要清醒过来的醒时意向带入睡梦中。比如，MILD 便是基于我们能够在未来记起要做某事的能力："在我做梦时，我将记起要意识到自己在做梦。"尽管如此，在觉醒状态下记起要做某事已经足够困难了，更别说在我们睡觉的时候了。

近年来，我在斯坦福大学的研究主要关注于帮助做梦者记起他们的意向。我的思路是，如果做梦者可以在做梦时以某种方式收到一个来自外部世界的提示，那么他们要在睡梦中清醒过来的任务就完成至少一半了。他们所需的做只是记起这个提示意味着什么。

将一个提示送入睡梦中并没有它听上去的那样困难。尽管我们在睡觉做梦时并未意识到周围的世界，但我们的脑仍在持续通过我们的感官监控着周围的环境。我们在睡眠时并不是完全不设防的——当我们感知到新鲜的、因而有着潜在威胁的事件时,我们通常就会醒过来。由于这种持续的无意识监控,我们周围的些许举动偶尔会进入我们的睡梦(也就是说,被整合进其中)。我在斯坦福大学的研究团队就一直致力于寻找最容易被整合进梦境的一类提示(刺激)。

我们的外部提示实验是先从或许最显而易见的一类提醒物着手的:一段在说"这是一个梦"的录音讯息。[21] 我们监测四位受试者在实验室睡觉时的脑波、眼动及其他生理特征。当受试者进入 REM 睡眠后,这段录音透过床头上方的扬声器以逐渐增强的音量反复播放。这项研究的受试者已经熟练掌握做清醒梦,他们诱导清醒梦的成功率非常高。录音总共播放了 15 次,而受试者总共生成了五个清醒梦。其中三个清醒梦是做梦者在梦中听见"这是一个梦"时产生的。另外两个清醒梦出现在播放录音时,但受试者并未报告说有在梦中听见录音。

录音有十次未成功诱导清醒梦,这一事实说明了通过提示诱导清醒梦所面临的两大挑战:做梦者可能要么中途醒来,要么未能意识到提示的意义。十次中有八次,播放的录音只是吵醒了受试者。

而即便提示被整合进梦境,并且做梦者仍然维持睡眠状态,单靠这个也不能保证成功。十次中有两次,讯息进入了做梦者的梦境,但做梦者心不在焉,未能意识到它意味着什么。在其中一个尤为有趣的案例中,受试者抱怨说,梦中有人不断在跟他说"你在做梦",但他终究没有听进去这个建议!从这个研究以及我们后续通过提示诱导清醒梦的努力中，我们得出结论：我们确实可以通过从外界提醒正在做梦的人来帮助他们意识到自己在做梦。但潜在的清醒梦做梦者仍然需要自己付出努力；他们需要聚精会神去辨认出提示，并记起它们意味着什么。此后，我们开始在使用外部提示之外，也配合使用本书所提到的这些诱导术的早期版本。

我们的下一个外部提示实验是作为心理系本科生罗伯特·里奇的荣誉学位论文研究而进行的。由于先前已经有研究表明，触觉刺激比视觉或听觉刺激更常被整合进梦境，[22] 所以我们决定测试这类刺激作为提示诱导清醒梦的效果。当受试者进入 REM 睡眠后，我们对床垫施加了振动。[23]

在这个研究中，受试者预先做了大量心理预备练习。在实验的前一天，他们在脚踝上佩戴装有定时装置的振动器。这个振动器一天会振动好几次，而一旦感到振动，受试者就需要做心理练习，包括一个状态检测以及一个对自己的提醒，提醒当他们在睡梦中感到振动时，他们会意识到自己在做梦。

在 18 位受试者中，有 11 位在睡实验室的一两个晚上做过清醒梦。他们总共做了 17 个清醒梦，其中有 11 个是在振动时发生的。受试者感知振动的方式之一是，将它感知为梦境中出现的混乱：

> 我开始从床上漂起来，电极不断在拉扯，然后墙体开始前后移动。接着斯蒂芬出现在角落里。他说："如果怪异的事情开始出现，你就知道自己在做梦……"

这位受试者意识到怪异的事情**正在**发生，所以他清醒了过来，然后飞出去看星星。我们知道自己即将发现一种诱导清醒梦的有效方式。不过，尽管振动是一种相对有效的提示，但它存在许多技术上的难题，所以我们继续研究其他类型的刺激。

我们接下来测试的是光亮，因为光亮很少会让睡眠中的人警觉周围环境有危险。因此，我们有可能将光亮整合进受试者的梦境而不惊醒他们。在一个研究中，我们让 44 位受试者戴上装有红色光源的特制泳镜睡觉，同时监测他们的生理特征。[24] 在 REM 睡眠开始的几分钟后，当受试者可能在做梦时，我们短暂打开泳镜里的光源。在后来的实验中，我们利用计算机控制泳镜里的光源，一旦侦测到受试者进入 REM 睡眠，就打开光亮提示。这就是后来所谓的 DreamLight 的第一个原型，[25] 我们将在下一节中介绍到它。

在这个光亮研究中，44 位受试者中有 24 位在实验室过夜期间做了清醒梦（大多数受试者只在实验室睡了一晚）。总共加总起来，这些受试者在实验室度过了 58 个夜晚，生成了 50 个清醒梦。正如大家可能预料的，那些更常做清醒梦的人更容易借由光亮清醒过来。在通常每月做清醒梦至少一次的 25 位受试者中，有 17 位（68%）在实验室里做过一次或更多次的清醒梦，相较于每月做清醒梦少于一次的 19 位受试者中，只有五位（26%）在实验室里做了一次或更多次的清醒梦。然而，在三位之前从未做过清醒梦的受试者中，有两位借由光亮提示做了生平第一个清醒梦。

其他研究也表明，能够记起至少每晚一个梦境的人可以借由光亮提示至少每月做一个清醒梦。[26] 因此，对于那些能够达到梦境回忆的前提条件的人来说，光亮提示有可能是一个非常有用的清醒梦诱导手段。

泳镜里闪烁的红色光亮被整合进梦境的方式相当之多。做梦者因而需要时刻保持警觉，留意梦境中光线的任何突然的或异样的变化。下面便是光诱导清醒梦的一个例子：

> 有个女人递给我一个金属色或白色的物件，那个东西发出的光照亮了我的脸，于是我知道它就是提示。她是一位金发美女，而我意识到她是我的梦中人物，所以我充满爱意地、充满感激地紧紧拥抱着她，感觉她都快与我融为一体了……

我们的研究结果清晰表明，我们可以通过使用感官提示来帮助人们在实验室里做清醒梦。然而，我们想要让大家在家里也能使用这个方法，而不一定要睡在实验室里。所以我们开始着手研发 DreamLight，一种携带式清醒梦诱导设备。除了是一种帮助人们意识到自己在做梦的有效方式，光亮也容易被纳入一个类似睡眠眼罩的设计中，后者不仅包括 REM 睡眠探测器，也包含提示做梦者的闪光光源。

○ 看见光亮：DreamLight 的故事

在《做清醒梦》一书中，我曾经写道："我相信，有人推出一种有效的清醒梦诱导设备，这很有可能只是时间问题。这也是我目前个人研究的重中之重……这样的技术辅助可以让初学者更容易上手,让他省去或许多年的令人沮丧、不得其门而入的尝试。"[27] 在该书出版后不久,我开始着手设计这样一个设备。而前面描述的实验已经表明,通过感官提示诱导清醒梦在实验室里是可行的。

1985 年 9 月,我收到了来自盐湖城的工程师达雷尔·狄克逊(Darrel Dixon)的一封来信,他表示有兴趣开发这样一个清醒梦诱导设备,并愿意提供帮助。我给他提供了一份设计,而他很快制做出了第一个原型。这是两个黑色盒子,它们是一个眼动探测系统与一个携带式计算机之间的接口。睡眠眼罩上的探测器侦测眼球运动,计算机则监测眼动活动的水平。当这个水平足够高时,计算机就通过这个设备发送信号,打开眼罩中的闪光光源。这个早期设备很有 20 世纪 50 年代科幻片的风格:装着旋钮的金属盒子、各式各样的线缆、用泳镜改装的眼罩,以及不断闪烁的红光。但不管怎样,它确实有用!一位受试者在使用这个设备的第二个晚上做了以下一个睡梦:

> 我正坐在商店外的汽车内。泳镜的光亮亮起,我感到它们照在我的脸上。我等待光亮熄灭后,再做现实检测。我伸手取下泳镜……然后泳镜就不见了。仍坐在车内的我决定用阅读一美元钞票来做现实检测。有一个单词错了,所以我得出结论自己在做梦!我下了车,开始飞翔。这种感觉非常棒。街道看起来明亮清晰。我飞过一栋建筑物的上方,阳光照进我的双眼——我再也看不清东西,

所以我开始旋转身体。最终我发现自己出现在店里，跟朋友们一起在店里，已经不再清醒。我把自己的经历告诉了他们。

在过去几年里，我在斯坦福大学的研究团队利用 DreamLight 做了多个实验室研究。并且两门清醒梦课程的参与者也得到机会在家里使用 DreamLight。

对于在家里使用 DreamLight 的研究，我们考察了多个影响清醒梦成功率的因素，包括不同类型和程度的心理预备。与之前外部提示实验的发现相符，我们发现心理预备对于成功诱导清醒梦来说是极其重要的。

在家里使用的 DreamLight 被证明是一种诱导清醒梦的有效辅助，但并不比 MILD 效果更好。然而，当结合两者使用时，它们看上去相辅相成，给出了所有可能组合中最高的清醒梦发生频率。我们首个使用了 DreamLight 的团体研究表明，结合使用 MILD 和 DreamLight 的人做清醒梦的次数是那些没有使用任何清醒梦诱导术的人的五倍之多。[28]

在使用 DreamLight 时，心理预备至关重要，因为如果你的心智没有恰当聚焦在想要辨认出自己在做梦的想法上，那么即便当你在睡梦中看到一个光提示时，你可能也不会意识到它意味着什么。研发出一种让你做清醒梦的设备几乎是不太可能的——你必须自己也做出某些努力。

○ 对于光提示的不同体验

DreamLight 的使用者所要面对的挑战之一是，需要做好心理预备，以便在光提示出现时辨认出它们，而不论它们在睡梦中表现为何种形式。有时候，来自 DreamLight 的光亮在睡梦中看起来就跟在觉醒时看到的一样。然而，八成时候，光亮会披上梦境的外衣而与梦境天衣无缝地交织在一起，所以做梦者必须保持高度警觉，留意从另一个世界传来讯息的可能性。如果做梦者太沉浸于梦境中，那么当信号出现时，他们会做出种种有趣的反应，凸显出我们习惯于将事情合理化而非合乎逻辑思考的倾向。比如，有位受试者就报告了这样一个睡梦：

> 在一个旅程里，我们正在下山。有两次，由从一个中心发散出来的红色亮点构成的明亮图案充满了我的视野——我将它们称为"苏菲烟火"，并心想它们的出现必定是为了阻止我们看见某种东西。对于这次旅程的重要性，我觉得自己知道了一点我的同伴所不知道的。

心理学家杰恩·加肯巴克曾经提出，之所以人们未能在光亮出现在睡梦中时辨认出它们，是因为他们具有某种对于听从提示在睡梦中清醒过来的心理"抗拒"。[29] 然而，被整合进梦境的光亮其实很像梦征。我们都在晚上一次又一次地未能意识到自己在做梦，哪怕只会在睡梦中发生的异常事件终究会出现。但这不是因为我们对于在睡梦中清醒过来有心理滞碍,而是因为我们自己没有做好充分准备去辨认出这些梦征。而当已经做好准备去留意可能由 DreamLight 的闪烁光亮所引起的事件时,做梦者就可以相当敏锐地觉察到光亮,并借由它们在睡梦中清醒过来:

> 我正跟旅行团一行人坐在剧院里看电影。这时银幕变暗,接着出现红色的抽象几何图案。我顿时意识到这是 DreamLight 而自己正在做梦。

光刺激会以多种形式出现在睡梦中。DreamLight 的使用者就报告了五种不同类型的整合方式。

- **未作改变的整合**:出现在睡梦中的光亮看上去跟 DreamLight 的佩戴者在觉醒时看到的一样。比如:"我看见闪烁的光亮,它跟我在觉醒时看到的刺激一样。"

- **融入梦中意象的整合**:光亮成为梦中意象的一部分。比如:"我留意到房间里的灯在闪烁。"

- **光叠加在梦中场景上的整合**:光亮进入梦境,均匀地普照整个场景,它们看上去不是来自梦中意象中的一个光源。比如:"两道光充满了我的视野。"

- **图案叠加在梦中场景上的整合**:光亮导致做梦者看见明亮的图案,有时是几何的或"服用了迷幻药般的"。比如:"我看见十分漂亮的金色和黄色图案,由钻石形状层层嵌套而成。"

- **梦中场景明暗交替的整合**:做梦者并未看见光亮,看到的只是因闪烁造成的明暗交替。比如:"我留意到周围隐隐约约的一阵忽明忽暗。"

○ 光诱导清醒梦与自发性清醒梦有不同吗?

光诱导清醒梦与自发性清醒梦存在一个显而易见的不同——光亮!至于它们在其他方面是否存在不同则还需要进一步研究。尽管如此,加肯巴克最近提出,"人为诱导清醒梦可能会负面影响到清醒梦的质量",导致做梦体验"在心理上不如自发生成的清醒梦那般进化成熟"。[30]但老实说,她的结论看上去完全站不住脚。它们是基于对于来自单一受试者的少量数据的一个极其成问题的解读。在这个探索性研究中,相较于他18次自发性清醒梦,同一位受试者的18次光诱导清醒梦梦到了较少的飞翔以及较多的性爱。[31]加肯巴克声称,相较于梦中性爱,梦中飞翔"更为典型,代表了一种更高层级的梦中清醒"。而对于这个论断,她所引用的唯一证据是,一群道德古板的美国中西部冥思者梦到飞翔的次数是梦到性爱的20倍之多。但不管怎样,她的结论是值得商榷的,因为对于原始数据的重新分析表明,受试者在光诱导清醒梦中与在自发性清醒梦中梦到性爱的次数其实一样多。至于飞翔,受试者的多个自发性清醒梦是在她发现自己在飞翔后引发的。在校正了这个因素后,光诱导清醒梦与自发性清醒梦梦到飞翔的比率就不存在显著差异了。

对于自发性清醒梦与光诱导清醒梦之间的可能不同,一个更为可信的假说是，光诱导清醒梦可能较少理性，较少清醒。我们可能也预期发现这一点，至少在清醒梦的最开始阶段，因为相较于借由提示在睡梦中清醒过来，为了自发地清醒过来，做梦者可能需要一个更清楚明白的心智状态。我们需要通过进一步的研究才能证实或证伪这个假说。不过，根据 DreamLight 使用者的说法，光诱导清醒梦可以跟自发性清醒梦一样强烈、刺激、值得玩味。下面就是两个很好的例子，它们分别来自达里尔·休伊特（Daryl Hewitt）和琳内·莱维坦（Lynne Levitan），这两位勇敢的梦境探索者曾经测试了 DreamLight 的每个新型号，对我们帮助甚多。

> 在我的梦中，眼罩闪烁着光亮。因此，我认出了它，知道自己在做梦，并发出了眼动信号。我所处的是睡眠实验室。我想走出去，走了一会儿，我来到一道被锁住的玻璃门前。我试图像鬼魅般穿门而过，但最终只是破门而出。我发现树木之间有一块空地，便高兴地跳到空中，漂浮起来。我直冲云霄。那是一段很棒的体验。我越过群山，但一山还有一山高，高耸入云。有时我冲下深谷，穿过森林。渐渐地，天色变暗，星星布满夜空。我高高地升到群山之上。我可以看见银河和月亮。我选了一颗较大的星星，然后开始旋转身体，心里想着要重新出现在它的旁边。我旋转着突破天际，满心欢喜，甚至可以听见自己的心跳。光亮再次闪烁，我发出眼动信号，表明我仍处在清醒状态。我在一两分钟后醒了过来。
>
> （加利福尼亚州旧金山的 D.H.）

我梦见自己回到先前梦到过的一个地方——一个仿佛伊甸园的奇怪公园。我回到那个现在已经变成市场的地方,想看看有没有什么好吃的。就在我抵达那里的时候,我看见了闪烁的光亮。我开始旋转身体,以便停留在睡梦中。我的朋友L出现了,于是我请他帮我寻找我想要找的东西。此时我是清醒的,但我还是想看看梦境变成了什么样子。我发现了许多奇怪的面条。我知道这个市场里的所有东西都很"特别",因为这里是"伊甸园"。对面条感到满意后,我盯着一个招牌,看着它改变,心想它能否告诉我点什么。它大多数时候都是胡言乱语,但有一瞬间,上面出现了"黄金田地"的字样。这对我来说没有多少意义,但似乎还是让我心满意足。我跟L说,我们一起去找其他我想要找的东西吧!我们步行穿过商店。我想到要放手对于梦境的控制。思虑及此,我顿时感到一种睡梦的强化以及一种"觉醒"的感觉。我细想了一下,我平常在清醒梦中进行了大量的控制、操纵和思考,而这种思考和控制似乎妨碍了我感知到某种我称为"内在之光"的东西。我来到外面,外面一片漆黑。我开始升到天上。星星如此美丽。L还在下面。我邀请他跟我一起飞翔。他答应了,而就在他要飞翔之际,光亮再次闪烁,我就醒了。

(加利福尼亚州雷德伍德城的 L.L.)

清醒梦技术的未来

到目前为止,我们已经成功设计出一个设备;结合心理预备练习，它可以大大提高人们做清醒梦的概率，提高五倍或更多。这听起来很棒，但我们仍然无法说，通过使用 DreamLight，你**就**能够做清醒梦。因此，我们还要再接再厉。

随着对于做梦者如何在睡梦中清醒过来以及届时他们的身心状态的研究进一步深入，我们应该能够极大增强我们诱导清醒梦的能力。当然，我们也想要把这些知识传递给你，各位勇敢的梦境探索者。如果你想要更多了解 DreamLight，并了解我们的最新进展，请看在后记中的邀请。

第四章 带着意识入睡

醒先清醒梦（WILD）

在上一章中，我们讨论了这样一些诱导清醒梦的策略，它们涉及将一个来自醒时世界的思想带入梦境，比如一个想要理解睡梦状态的意向、一个适时进行批判性状态检测的习惯，或者对于一个梦征的记忆。这些策略都旨在诱导做梦者在睡梦中清醒过来。

这一章则将给出一套完全不同的探索清醒梦世界的方法，它们是基于**带着意识入睡**的思路。这涉及在不再觉醒的状态下保持意识，从而在没有丧失任何反思性意识的情况下直接进入清醒梦状态。这个基本思路有许多不同变体。在入睡时，你可以专注于入睡前幻觉、有意的观想、你的呼吸或心跳、你身体的感觉、你对自己的知觉等。如果你能够在很有可能即将进入 REM 睡眠的时候保持自己的心智足够活跃，那么你会感觉到自己的身体已经睡着了，但你（也就是说，你的意识）仍然是觉醒的。接下来，你就会发现自己身处梦境，并且完全清醒。

这两种不同的清醒梦诱导策略导致了两种不同类型的清醒梦。人们带着意识入睡后的所思所想被称为**醒先清醒梦**（wake-initiated lucid dream, WILD); 与此相对的是**梦先清醒梦**(dream-initiated lucid dream, DILD), 这时人们在无意识入睡后再在睡梦中清醒过来。[1] 这两种类型的清醒梦在多个方面有所不同。WILD 发生时, 总是伴随着从 REM 睡眠中醒来又睡回去的短暂觉醒(有时只有一两秒钟)。睡眠者对于这样的觉醒有主观印象。DILD 则没有这种情况。尽管这两种清醒梦都更有可能在夜晚的后半段发生, 但 WILD 的发生概率也随着夜晚的流逝而增加。换言之, WILD 最有可能在黎明时, 或午睡时发生。这一点在我自己的清醒梦记录中就得到了鲜明体现。在发生在夜晚第一个 REM 睡眠期的 33 个清醒梦中, 只有一个(3%)是 WILD; 但在午睡时所做的 32 个清醒梦中, 却有 13 个(41%)是 WILD。[2]

一般而言, WILD 比 DILD 较少发生; 一个涉及 76 个清醒梦的实验室研究中, 72% 是 DILD, 而 WILD 只占 28%。[3] 根据我的经验, 在实验室里观察到的 WILD 比例要比从家里报告的 WILD 比例高出很多。

举个具体例子, WILD 只占我在家里所做的清醒梦的 5%—10%, 却占我在实验室里所做的前 15 个清醒梦的 40%。[4] 我相信这样的显著差异源自两个原因: 每次我在睡眠实验室过夜, 我总是高度意识到我的每一次觉醒; 此外, 为了尽量减少对于生理记录的干扰, 我总是努力让自己不做不必要的移动。

因此, 相较于在家里, 我在睡觉时既没有特别意识到周遭环境, 也没有特意不去移动身体, 在实验室里, 我从 REM 睡眠中觉醒后更有可能带着意识重新回到 REM 睡眠。这表明 WILD 诱导术可能在适当条件下是特别有效的。

保罗·托莱也注意到,尽管清醒入梦的各种方法要求在一开始时进行大量练习,但它们的回报相应也是巨大的。[5] 一旦掌握,这些方法(像是 MILD)可以让人几乎随心所欲地诱导清醒梦。

专注于入睡前幻觉

诱导 WILD 的最常见策略是,在入睡时专注于入睡前幻觉。一开始,你可能会看见相对简单的意象、闪光、几何图案等。渐渐地,你会看见更复杂的形态:人脸、人,乃至整个场景。[6] 下面这段俄国哲学家邬斯宾斯基对于所谓"半梦状态"的描述就给出了入睡前幻觉的一个生动例子:

> 我慢慢睡着了。金色的圆点、火花和小星星在我眼前出现又消失。这些火花和星星渐渐汇聚形成一张有着斜纹网格的金色大网,并随着我自己可以清晰感受到的心跳的韵律缓慢而有规律地移动。接下来,这张金色大网摇身变成一排铜盔,罗马士兵戴着它们正行进在下面的街道上。我听见他们整齐的脚步,透过窗户看着他们走过。我所处的这座高大房屋坐落在君士坦丁堡的加拉塔区,旁边的窄巷一头通往旧码头和金角湾,那里船只辐辏,远处则是老城区林立的宣礼塔。我听到他们沉重的步伐,看到阳光照耀在他们的头盔上。然后突然之间,我离开原来一直躺着的窗台,以同样的倚

靠姿势慢慢飞过街巷,飞过房屋,飞过金角湾,飞向老城区。我闻到海的味道,感觉到了风以及温暖的阳光。这样的飞翔让我感到非常愉悦,于是我忍不住睁开了眼睛。[7]

邬斯宾斯基的半梦状态源自于他习惯观察在入睡时,或者在醒来后的半睡半醒时的梦境内容。他注意到,相较于在夜晚的入睡时,它们更容易在早上,在已经醒来但仍在床上时观察到,并且"不付出一定努力"就一定不会出现。[8]

美国精神科医师内森·拉波特博士发展出了一套与邬斯宾斯基的非常类似的做清醒梦方法:"在躺在床上等待入睡时,实验者每隔几分钟就打断自己的思绪,努力回想起在这样的好奇心介入之前消失的所思所想。"[9]这个习惯一直延续到入睡之后,由此会得到类似下面这样的结果:

房间里灯火辉煌,华丽的水晶玻璃吊灯流光溢彩。壁炉架上放着许多古典精致的小雕像,它们就仿佛在上演一场盛大的舞台表演,背后则是洛可可风格的墙面。在右边,一帮穿着最优雅的英国维多利亚时期服装的俊男美女在消遣欢乐时光。这个场景持续了一段我不知多久的时间,然后我意识到它其实不是现实,而是一幅心理意象,并且我在看着它。思虑及此,它顿时变成了一个难以描述之美丽的景象。我已经有点微微醒来的心智开始极其小心翼翼地偷窥它,因为我知道这些精彩景象会由于这样的介入而戛然而止。

我心想:"我这次面对的是那些不会动的心智画面之一吗?"仿佛在回应我的疑问,其中一位年轻女士优雅地在房间里走动了一圈。她回到人群里,变回一动不动,但在定格的那一刻,她朝着我的方向转过肩膀,脸上洋溢着笑容。尽管水晶吊灯五彩缤纷、华丽的背景和服饰充斥着精致的蓝色和粉红色,但整体色调非常协调,一点也不突兀。我感到,只是因为我对梦境的兴趣才让我注意到这些色彩——这些精致但仿佛有着内在光亮而鲜活如生的色彩。[10]

练习 14　入睡前幻觉法

1. 完全放松

躺在床上,轻轻地闭上双眼,放松你的头部、颈部、背部、双手和双腿。完全放下肌肉和心理的紧绷感,并且缓缓地、平静地呼吸。享受放松的感觉,放下所有的想法、忧虑和挂念。如果你刚从睡眠中醒来,你很有可能已经充分放松。否则,你可能需要使用渐进式肌肉放松法(练习5)或61点放松法(练习6),以达到更深层次的放松。让你的身心慢慢放松,越来越放松,直到你的脑海完全波澜不兴。

2. 观察入睡前幻觉

将你的注意力缓缓地聚焦于陆续出现在你的心智之眼面前的幻觉上。观察这些视觉意象的出现和消失。尽可能仔细地观察它们,让不断变化的它们被动地在你的心智中反映出来。不要试图抓住它们,而要只是坐看云起云落,不含一丝依恋或想要做点什么的冲动。尽量采取一个超然观察者的视角。一开始,你会看到一连串没有关联的、转瞬即逝的图案和意象。这些意象会逐渐发展成越来越复杂的场景，最后拼凑成连续的序列。

3. 进入梦境

当幻觉变成一个流动的、生动的场景时，你应该让自己被动地被卷入梦境。不要试图主动地加入梦中意象，而要继续保持一种对于意象的超然兴趣。让当时所发生的顺势将你带入梦境。但小心既不要有太多的涉入，也不要有太少的注意力，毕竟你现在正在做梦！

附注

掌握这个方法的最难部分很有可能是步骤3中的进入梦境。这里的挑战在于，你需要发展出一种微妙的警觉性，一种超然观察者的视角，你将借此让自己被卷入梦境。正如保罗·托莱所强调的，"最好不要想主动地加入意象，因为这样一个意向无一例外会导致眼前的意象消失"。[11] 这里需要一种与上一章中自我暗示一节所描述的顺势而为相似的被动的意志：借用托莱的说法，"相较于主动想要加入意象，做梦者应该试着让自己被动地被卷入其中"。[12] 有位藏传佛教上师也提议了一个类似的思维框架："在小心观察心智的同时，轻轻地领着它进入睡梦状态，就仿佛你用手在领着一个孩子。"[13]

另一个风险是，一旦进入梦境，世界可能看上去如此真实，以至于做梦者容易失去清醒，就像拉波特在前面所述 WILD 的开始时那样。为了以防万一，托莱建议，你可以下定决心要在睡梦中进行一个特定动作，这样就算你暂时失去清醒，你可能会记起想要进行这个动作的意向，从而重新获得清醒。

专注于观想

另一种诱导 WILD 的方法，也是藏传佛教传统钟爱的方法，涉及在专注于入睡前幻觉的同时观想一个符号。这些幻觉的符号化本质很有可能可以帮助你在入睡过程中维持一定的觉察。我们会给出这种方法的三个变体，其中两个来自一份据说可追溯至 8 世纪的手稿，第三个则来自一位现代藏传佛教上师的教诲。

正如你将在接下来的练习中看到的，涉及睡眠的瑜伽观想常常落在喉咙上。瑜伽心理生理学认为，我们的身体拥有一些称为**脉轮**的"精微莫名的觉察中心"。它们总共有七个，沿着脊椎贯穿全身。其中的喉轮被认为掌管睡眠和觉醒，其活跃程度据说决定了人是睡、是醒或是否做梦。[14] 在古代东方心理学家为喉轮所赋予的功能，与现代西方生理学家为附近的脑干所确定的在调节睡眠和意识状态上的作用之间，存在着一种有趣的相似之处。[15] 我不会不假思索地就将这样一些对于人的身心明显有着系统而细致的观察的瑜伽士的论断弃之一旁，只是因为他们没有遵循现代科学方法——毕竟这样的标准系统在当初瑜伽发展成熟的时候还没有被发明出来。恰恰相反，我倒是期待对于这些来自古代东方的非凡思想进行更多的科学研究。

本章所给出的各种藏传佛教 WILD 诱导术都用到一种特殊的深度呼吸方法，称为腹式呼吸法。下面的练习就将教你如何进行腹式呼吸。

练习15 放松的腹式呼吸法

1. 找到舒服的姿势

由于躺着容易会睡着,所以你可能想要以一种舒适的坐姿进行本书所给出的放松、冥想和专注力练习。然而,在第一次做这个练习时,你应该仰面躺在一个坚实的表面上。解开颈部和腕部的衣服。闭上双眼。双手轻轻地放在腹部,并让两个拇指置于胸腔的底部,而让两个中指相触于肚脐上方。

2. 研究你的呼吸

慢慢地吸入一口长长的气,再慢慢地吐出一口长长的气。然后回归到一种比平常稍微慢一点、深一点的呼吸模式,并留意你的腹部。将注意力放在你的双手上,你会注意到横膈膜和腹部肌肉在肺部的吸气和吐气时也参与其中。感受你的腹部运动,并留意在你有节奏地填充、然后排空肺部的过程中不同腹部肌群的扩张和收缩。专注于你吸气开始的那一点,也就是腹部与胸腔底部的交点,想象着从那里由下而上填充你的肺部。留意在呼吸的过程中你身体的感觉。

3. 慢慢地、深深地呼吸

让你的呼吸自己找到一个平缓但正常的节奏。不要强迫它,但可以让横膈膜和腹腔丛在吸气阶段多出一点力——这时你的腹部应该鼓得圆圆的。想象自己吸入的是表现为光的滋养能量,然后在吐气时让光通过你的身体。感受这道"光"(亦即氧气)从肺部流出,经过血管将养分和能量输送到身体的每个细胞。

(改编自一行禅师。[16])

练习 16　观想的力量：白点观

1. 就寝前

（1）下定决心要在做梦时意识到自己在做梦。

（2）观想在你的喉咙处（练习6"61点放松法"中的点2）有一个梵文"阿"字放红光（参见下面的附注）。

（3）心神专注于"阿"字的光芒。想象红光光照十方世界，让一切仿佛如梦似幻。

2. 黎明时

（1）练习腹式呼吸法七次（参见前面的练习15）。

（2）下定决心要理解睡梦状态的本质，重复11次。

（3）聚精会神于眉间（练习6中的点1）的一个白点。

（4）继续专注于那个点上，直到你发现自己在做梦。

附注

根据瑜伽学说，每个脉轮都对应于一个特别的声音，即所谓的梵咒。喉轮的梵咒是梵文字母"阿"（अ），而它被视为万法根源，具有创造万物的力量。这个概念在某种程度上类似于《约翰福音》中的"太初有道"。

《睡梦瑜伽》一书建议说，如果你无法通过观想白点辨认出梦境，那么可以试试下面所介绍的观想黑点。

（改编自埃文斯－温茨。[17]）

> **练习 17 观想的力量：黑点观**
>
> **1. 就寝前**
>
> 冥想你眉间（练习6中的点1）的白点。
>
> **2. 清晨时**
>
> （1）练习腹式呼吸法21次（参见前面的练习15）。
>
> （2）下定决心要辨认出梦境，重复21次。
>
> （3）然后聚精会神于一个药丸大小的黑点，它大致位于生殖器的根部（练习6中的点33）。
>
> （4）继续专注于黑点上，直到你发现自己在做梦。
>
> （改编自埃文斯－温茨。[18]）

第三个观想技术来自于在美国居住和弘法的达唐祖古。正如第三章已经提到过的，在1970年，我正是从他那里首次了解到睡梦瑜伽。这个方法与之前提到的两个方法相似，也在喉咙处进行观想，只不过它观想的是莲花中的火焰。这样的相似之处并非巧合：将睡梦瑜伽引入藏地的莲花生大士也是达唐祖古所属的宁玛派的创始人。

达唐祖古解释说，火焰代表觉察，那种我们在醒时生活和梦境中所体验到的觉察。[19] 因此，它也代表一种在觉醒和睡眠之间延续觉察的可能性。

在佛教的图像学中，莲花代表灵性成长的过程。莲花出淤泥而不染，亭亭净植，沐浴阳光雨露。而那些悟道的人也像莲花一样超凡脱俗：他们的脚陷于物质世界的淤泥中，但他们的"头"（理解）则迎向光明和智慧。[20] 在你做下面这个练习时，要记住这个观想的象征意义。

练习 18　莲花和火焰观

1. 完全放松

躺在床上，轻轻地闭上双眼，放松你的头部、颈部、背部、双手和双腿。完全放下肌肉和心理的紧绷感，并且缓缓地、平静地呼吸。享受放松的感觉，放下所有的想法、忧虑和挂念。如果你刚从睡眠中醒来，你很有可能已经充分放松。否则，你可能需要使用渐进式肌肉放松法（练习5）或61点放松法（练习6），以达到更深层次的放松。

2. 观想莲花中的火焰

一旦你感到完全放松，观想在你的喉咙处（练习6中的点2）有一朵美丽的莲花，其淡粉红色的花瓣稍微向内卷起。在莲花的中央，想象有一团火焰，发出橘红色的光。尽可能清楚地观察火焰：其边缘比中心更为明亮。慢慢地将注意力集中在火焰的顶端，并尽可能长时间地观想这团火焰。

3. 观察你的幻觉

观察莲花中火焰的意象如何与你脑海中浮现的其他意象互动。

> 不要尝试去思考、诠释或关切任何意象，而是不论发生什么，都要继续维持你的观想。
>
> **4. 与这个意象，进而与梦境融为一体**
> 冥想莲花中的火焰，直到你感到这个意象与你对于它的觉察融为一体。这时，你不再是有意识地努力专注于这个意象，而就是你看到它了。渐渐地，经过不断练习，你会发现自己在做梦。
>
> **附注**
> 除非你足够幸运，能够自然而然想象出生动的意象，否则你可能会发现上面这个观想无法做得清晰且富有细节。如果你发现这很难做到，那么你应该在尝试掌握这种技术之前先练习附录中的两个补充练习。第一个练习（练习41）涉及注视真实的蜡烛火焰。这会强化你的专注力，并让你获得一个对于火焰的生动的视觉记忆，作为观想的基础。第二个练习（练习42）将帮助你训练想象出生动而富有细节的意象的能力。在你熟练掌握这两个练习后，观想莲花和火焰应该就会变得容易了。
>
> （改编自达唐祖古。[21]）

专注于其他心理任务

你也可以使用任何需要用到极少的、但有意识的努力来让你在入睡时聚精会神的认知过程。如此这般，你的身体会入睡，而这样的认知过程会带着你的意识进入睡眠状态。这种方法需要你放松地躺在床上，保持警觉，并进行一项重复性的心理任务。你将注意力集中在这个任务上，同时让你对周遭环境的知觉随着你的入睡而逐渐消退。只要你继续进行这项心理任务，你的心智就会保持觉醒。十年前，作为我的博士研究的一部分，我利用这种策略发展出了下面这种方法来生成 WILD。[22]

练习 19　数数入睡法

1. 完全放松

躺在床上，轻轻地闭上双眼，放松你的头部、颈部、背部、双手和双腿。完全放下肌肉和心理的紧绷感，并且缓缓地、平静地呼吸。享受放松的感觉，放下所有的想法、忧虑和挂念。如果你刚从睡眠中醒来，你很有可能已经充分放松。否则，你可能需要使用渐进式肌肉放松法（练习5）或61点放松法（练习6），以达到更深层次的放松。

2. 在入睡过程中心里数数

在你慢慢入睡的过程中，维持一定的警觉程度，并在心里默默数数："1，我在做梦；2，我在做梦；3，我在做梦；……"如果你愿意，你可以在数到100后从头数起。

3. 意识到自己在做梦

在持续这样的数数和提醒过程一段时间后，你会发现在某一刻，你对自己说"我在做梦……"，然后你注意到自己**真**的在做梦！

附注

"我在做梦"这句话旨在帮助提醒你下决心要做的事情，但它不是非要不可。简单把注意力放在数数上很有可能就足以让你维持足够的警觉，得以认出梦中意象的本质。

如果你能找到人让他在你入睡时观察你，你可能会取得快速进展。你的助手的任务是在你表现出入睡迹象时叫醒你，并问你现在数到哪个数，以及你正在做什么梦。

观察者的任务可能听起来很难，但事实上，辨认一个人是否睡着是一件很容易的事情。有好几个入睡迹象可供观察：借着微弱的灯光，你可以留意睡眠者眼皮下的眼球运动。眼球缓慢地来回运动就是睡着的一个可靠迹象，此外还包括嘴唇、脸部、双手、双脚及其他肌肉的微微抽动。第三个睡着迹象则是不规则的呼吸。

在你做这个练习时，你的观察者应该不时地叫醒你，并问你数到哪里以及梦到什么。一开始，你会发现自己数到了，比如"50，我在做梦……"，然后就没有了，因为从那一刻起，你开始做梦，已经忘了数数。这时你应该下定决心更努力地维持意识，并继续这个练习。当你在一小时左右的时间里被叫醒几十次后，这样的自我反馈将开始起到作用。迟早有一天，你会告诉自己，"100，我在做梦……"，然后发现它终于成真了！

（改编自拉伯奇。[23]）

专注于身体或自我

如果你在入睡的过程中将注意力集中在自己的身体上，你有时可能会注意到这样一种身体状态，它看上去经历了极度的扭曲，或者开始以神秘的频率颤动,又或者变得完全麻痹。所有这些不同寻常的身体状态都与睡眠发生,尤其是与 REM 睡眠发生有关。

正如我们在第二章中提到过的,在 REM 睡眠期间,除了眼球运动和呼吸所涉及的肌肉外,你身体的所有随意肌几乎完全麻痹。REM 睡眠是一个涉及多个不同脑区的协同合作的心理生理状态。比如,当导致肌肉麻痹、感官输入阻断和皮质活化的三个系统共同起作用时,你的脑就会处于 REM 睡眠状态,而你很有可能就会在做梦。

有时候,这些 REM 睡眠系统不会同时开启或停止。比如,你可能在麻痹系统停止前就从 REM 睡眠中部分醒来,使得尽管你已经觉醒,你的身体仍然处于麻痹状态。这种情况被称为"睡瘫症",有可能在人们入睡时(较罕见)或醒来时(较常见)发生。如果你当时不知道自己身上发生了什么,你的第一次睡瘫症体验可能会非常恐怖。人们通常会挣扎着想要移动或完全醒来,却徒劳无功。事实上,这样的恐慌反应只会带来反效果,反而有可能会刺激到脑的边缘系统(主管情绪),并导致 REM 睡眠状态进一步延续。

实际上,睡瘫症是无害的。有时候,当你碰上睡瘫症时,你会感到自己仿佛快要窒息,或被无名的恶灵附身。但这只是你半梦半醒的脑在试图解释这样的异常身体状态:必定是因为发生了某种可怕的事情!中世纪的梦淫妖(与睡梦中女性做爱的邪魔)故事就很有可能源自对于睡瘫症的过度诠释。下回你遇到睡瘫症,只需记得要放松。告诉自己,你现在的状态正是每晚你在 REM 睡眠期的几个小时里所经历的。你不会受到伤害，并且它过几分钟就会消失。

睡瘫症不仅不需要害怕，它还可以是某种值得追求的事情。每次你感受到睡瘫症，你就是处在 REM 睡眠的边缘。可以说，你一只脚已经踏入睡梦状态，而另一只脚还处在觉醒状态。只需再迈出一步，你就踏入了清醒梦的世界。在下面的练习中，我们将给出几个方法，帮你迈出那一步。

练习 20 两副身体法

1. 完全放松

躺在床上，轻轻地闭上双眼，放松你的头部、颈部、背部、双手和双腿。完全放下肌肉和心理的紧绷感，并且缓缓地、平静地呼吸。享受放松的感觉，放下所有的想法、忧虑和挂念。

2. 专注于你的身体

现在将注意力集中在你的物理身体上。利用练习6的61点放松法将你的注意力从身体的一个部位转移到另一个部位，直到遍历所有的点位。在你这样做时，留意你的身体在每个点位上的感觉。特别留意诸如奇怪的感觉、颤动或身体意象的扭曲等迹象。这些迹象是睡瘫症的前兆。最终，你会体验到上述感觉，而它们很快会发展成你的物理身体的完全麻痹。在这个阶段，你已经准备好抛下麻痹的身体，而以你的梦中身体进入梦境。

3. 离开你的身体，进入梦境

一旦你感到自己的物理身体已经处在睡瘫症的状态，你就准备好可以出发了。要记住，你现在已经麻痹的物理身体其实有着一副神奇的、可移动的"双生子"，也就是说，你的梦中身体，而你可以很容易地利用这副身体去体验一切。事实上，除了偶尔出现的觉醒阶段，你甚至很少注意到，每天晚上你的梦中身体都在扮演着其双生子，也就是你的物理身体的角色。现在想象你自己进入这副缥缈的梦中身体，想象它离开其尘世的双生子会是怎样一番感觉。让你自己摆脱那副不能动弹的物理身体。跳下床、滚下床，或爬出床。站起来，或沉入地板之下。穿过天花板，或只是简单地起床。然后你就来到了清醒梦的世界。

附注

一旦你"下了床"，你应该意识到自己现在完完全全是一位异乡异客了。要记住，你使用的是梦中身体，而你周遭的一切都是梦境中的东西。这也包括你刚刚离开的床：它现在是一张梦中的床。还有你刚离开的"睡着的身体"：尽管你不久前还把它当作物理身体，但它现在也是一副梦中身体。你所看到的一切都是你的梦。

如果你相信自己此时是以"灵"体的形态漂浮在物理世界中，你不妨做一两个批判性观察，并进行一些状态检测。以下是三个例子：(1) 试着将某本书的同一段落读两遍；(2) 看一下电子表，然后看向别处，几秒钟后再看电子表；(3) 试着找到并阅读现在的这段话，然后得出自己的结论！

（改编自托莱[24]和拉玛大师[25]。）

○ 两副身体，还是一副身体？

正如托莱所指出的，"第二副身体的体验是基于一种朴素的认识论而做出的一个不必要的假设"。[26] 也正如我在《做清醒梦》一书中所解释的，"游离体外的体验"常常让我们留下这样的印象，即我们有两副不同的、相互分离的身体：物理的、尘世的身体，以及一副更超脱的灵体。但事实上，一个人体验到的只有一副身体，并且它不是物理身体，而是**身体意象**——人脑对于物理身体的再现。身体意象是每当我们感觉自己有胳膊有腿时我们实际体验到的，而不论这时我们是处在物理世界、梦境或灵界中。[27] 因此，由于"第二副身体"的概念是不必要的，你可以选择尝试下面这个对于托莱的一副身体法的改编，它将另一副身体抛出了自己的形而上学行李厢。

练习 21　一副身体法

1. 完全放松
躺在床上，轻轻地闭上双眼，放松你的头部、颈部、背部、双手和双腿。完全放下肌肉和心理的紧绷感，并且缓缓地、平静地呼吸。享受放松的感觉，放下所有的想法、忧虑和挂念。

2. 专注于你的身体
现在将注意力集中在你的物理身体上。利用练习6的61点放松法将你的注意力从身体的一个部位转移到另一个部位,直到遍历所有的点位。在你这样做时,留意你的身体在每个点位上的感觉。特别留意诸如奇怪的感觉、颤动或身体意象的扭曲等迹象。这些迹象是睡瘫症的前兆。最终,你会体验到上述感觉,而它们很快会发展成你的物理身体的完全麻痹。在这个阶段,你已经准备好抛下麻痹的身体,而以你的梦中身体进入梦境。

3. 离开你的身体,进入梦境

一旦你感到自己的物理身体已经处在睡瘫症的状态,你就准备好可以出发了。要记住,你当下所体验到的身体意象是一副麻痹了的物理身体,而它是无法(在心理空间中)移动的,因为感官信息正在告诉你的脑,你的物理身体是动弹不得的。在感官输入被阻断后(即当你进入深度的 REM 睡眠时),不再有信息(除了你的记忆)告诉你的脑,你的身体还在它原来的位置上。现在你就可以自由地去感受自己的身体意象或梦中身体的运动,而不会遭到自己的感官系统打脸。你的身体意象可以不理会你的物理身体的实际位置而自由移动,就像它在睡梦中自然而然所做的。

此外,如果你正在感受到睡瘫症,你就可以确定感官输入的阻断很快会发生。想象自己的身体意象可以再度动弹。想象自己正处在其他某个地方:任何地方都可以,只要不是在床上。

一旦你感觉自己的梦中身体离开了床,你就不会再感受到自己的物理身体的麻痹感。

附注

与两副身体法里一样的附加说明:一旦你"下了床",你应该意识到自己在做梦。要记住,你是在用你的梦中身体移动,而你周遭的一切也都是梦境中的东西。你所见的一切都是你的梦。

(改编自托莱[28]和拉玛大师[29]。)

○ 一副身体，还是无身体？

当然，即便上一种方法里的一副身体（意象）也是朴素的形而上学实在论的产物。你的身体意象其实是你的脑对于你的物理身体所建构的模型。你的身体意象表现得仿佛它就**是**你在觉醒时的物理身体。这是因为你的身体给你的脑提供了关于其位置和状况的感官信息，然后你的脑根据这些感官信息建构出了一个关于你的物理身体的当前状态及其安排的模型。最后，**你体验到你的脑所建构的关于你的身体的模型（也就是说，身体意象），仿佛它就是你的身体。**

如果你想要随时了解你的物理身体的最新状况，这样的安排是很说得通的：你的脑需要维护一个经常更新的模型，以便正确再现你的物理身体的最新状况，从而你可以正常行事而不会被自己的脚绊倒。

现在让我们来思考一种非常不同的情况：REM 睡眠。在这种情况下，你的物理身体没有给你的脑提供几乎任何有用的感官信息，以便它了解身体的最新状况。因此，脑无法妥善地更新其身体模型的设置，以匹配物理身体的相应设置。在某种意义上，脑弄丢了睡着的身体。所以身体意象可以在梦境中自由穿梭，而没有意识到（正所谓无知是福），要是脑与物理身体有了感官信息的沟通，梦中身体就会哪里也去不了！

现在，让我们对这时脑的身体模型采取一种激进的观点。如果它没有再现物理身体的位置、活动或状况，为什么它还应该维持物理身体的外形、功能、拓扑或形态呢？正如托莱所说的，"在睡梦中体验到自己的身体，只是一个从觉醒状态照搬过来的现象，其实是可以抛弃的"。[30] 这让我们可以抛下更多的形而上学行李，轻装赶路：我们已经从两副身体法谈到一副身体法，最后一步则是无身体法。

练习 22　无身体法

1. 完全放松

从一个睡梦中醒来后，仰面躺或侧躺着，同时轻轻闭上双眼。将脸部和头部、颈部、背部、双手和双腿依次绷紧，然后放松。完全放下肌肉和心理的紧绷感，并且缓缓地、平静地呼吸。享受放松的感觉，放下所有的想法、忧虑和挂念。如果你刚从睡眠中醒来，你很有可能已经充分放松。否则，你可能需要使用渐进式肌肉放松法（练习5）或61点放松法（练习6），以达到更深层次的放松。让你的身心慢慢放松，越来越放松，直到你的脑海完全波澜不兴。

2. 想着你很快不会再感觉到你的身体

在入睡时，专注于这样一个想法：在我睡着后，我就不会再感受到我的身体。

3. 作为一个自我点（ego-point），在梦境中自由飘荡

一旦你无法再感受到自己的身体，想象自己是一个有觉察的点，能够在梦境中感知、感觉、思考和行动。在梦境中自由飘荡，就仿佛阳光中的尘埃。

> **附注**
>
> 有些人很有可能会觉得，身为一个没有形体的火花的生活终究无法令人满意。如果是这样的话，别担心，还有大量空的梦中身体任君挑选。托莱就描述了一个综合方法，称为"幻觉－自我点法"，它与无身体法的唯一不同之处在于：你必须也专注于入睡前幻觉。具体来说，"如果一个梦中场景已经搭建完成，那么有可能加入这个场景当中；在特定情况下，自我点可以进入另一个梦中人物的身体，并接收其'运动系统'"。[31]
>
> （改编自托莱的自我点法。[32]）

接下来要做什么？

过去两章给出了诱导清醒梦的各种方法。试试各种方法，然后专注于那些对你来说效果最好的。勤加练习，你就应该会越来越熟练。做过的清醒梦越多，想做它们就越容易。而一旦你能够进入清醒梦的世界，其他问题就会接踵而至：既然你已经到了这里，接下来你想去哪里，想做什么？

接下来两章就将为你提供延长清醒梦的原理和方法，并教你如何处理梦中意象，以便为你运用清醒梦做好进一步的准备。

第五章 建构梦境

梦境是关于世界的模型

这一章将给出一个理解做梦过程的一般框架。由于你做梦的脑将处在云端,脱离现实,你应该以脚踏实地的态度展开这样的探索。

正如你在第二章中已经读到过的,脑的基本任务是预测和控制你在世界上的行为的结果。而为了完成这个任务,它建构了一个关于世界的模型。它基于当下从感官获得的信息而做出对于周遭世界发展变化的最好猜测。但在睡眠时,脑从感官只能获得少得可怜的信息。因此,这时最容易获得的信息就是已经在我们头脑中的东西——记忆、预期、恐惧、欲望,等等。我相信,梦境正是我们的脑试图利用这些内部信息来模拟世界的结果。

根据这个理论,做梦是我们在觉醒时用以理解世界的相同知觉和心理过程的结果。因此,为了理解做梦,我们需要首先了解醒时的知觉过程,然后考虑心智的这种功能在睡眠时将经受何种改动。

知觉的建构

知觉经验是通过对于感官信息的一种复杂且大体无意识的评估而建构起来的。除了简单的感官输入，这个过程还包括其他许多因素。这些因素可分成两大类：预期和动机。

○ 预期与知觉

知觉（我们所看到的、听到的、触到的……）在很大程度上取决于预期。在某种意义上，我们所感知的正是我们最为预期的。预期表现为多种形式，其中最重要的是语境。要想知道语境对于预期的影响有多强大，不妨大声朗读下面两句话，并记下所用的时间：

> Form as to arranged and the randomly quickly are example accurately words easier meaningful much a therefore words sentence these in and than read same preceding the.
>
> These words form a meaningful sentence and are therefore much easier to read quickly and accurately than the same words randomly arranged as in the preceding example.（这些单词构成了一个有意义的句子，因而比上面例子中相同单词的随机排列更容易快速、准确地阅读。）

朗读第一句话很有可能要花费更长时间。这是因为在第二句话中，你感知到单词的组合是有意义的；每个单词都落入一个合理的语境，而这样的语境帮助你看到、理解和读出每个单词。在朗读第一句话时，你就得不到这样的语境的帮助，所以你需要花费更多时间去处理它们。

相较于不熟悉的事物，你也更容易感知到自己所熟悉的。研究图 5.1 的图形，直到你辨认出全部三个图形。对于每个图形，你分别花费了多少时间才辨认出来？你很有可能首先辨认出狗，然后是船，最后才是大象。这对应于你对这三个图形的相对熟悉程度。当然，所熟悉的就是所预期的。

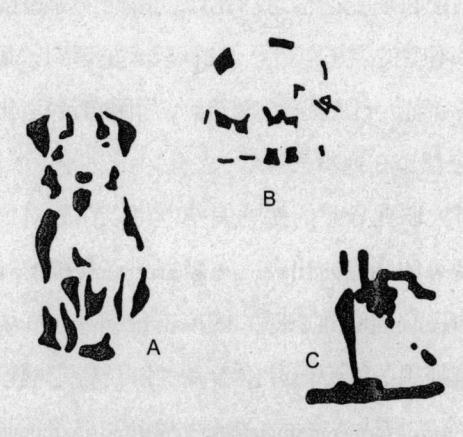

图 5.1　不完整的图形

另一个对知觉有重大影响的因素是近期经验。乔治·斯坦菲尔德发现，事先被告知一个航海故事的受试者可以在五秒钟内辨认出图 5.1 中的图形 C 是一艘蒸汽船。[1] 而那些事先被告知了另一个不相关的故事的受试者花了 30 秒时间才辨认出这个图形。我们预期当下的事件会与近期发生过的事件相似。

个人兴趣、职业和人格都可以强烈影响到个人的经验。罗夏墨迹测验就利用了这个事实，通过对于模棱两可的图形的诠释来进行人格测评。在一个关于想象力的经典研究中，弗雷德里克·巴特莱特就注意到，受试者在诠释墨迹的过程中常常会透露出大量关于个人兴趣和职业的信息。比如，同一个墨迹会让一位女性想到一顶"带羽毛的帽子"，让一位神职人员想到"尼布甲尼撒王的烈火的窑"，而让一位生理学家想到"下腰部的消化系统"。[2] 观察图5.2：这个墨迹在你看来像什么？

图5.2 这是一个墨迹，还是一个……

一种由个人职业导致的知觉偏差也可以在面对那些没有像墨迹那般模棱两可的刺激时出现。布赖恩·克利福德和雷·布尔曾让警察和一般民众观看数小时的城市街景影片，并要求他们留意特定嫌犯（有嫌犯的面部照片供参考）以及特定模棱两可的行为（比如，处在合法与非法之间）。虽然两组人都发现了相同数量的人和行为，但警察比一般民众报告了更多的疑似盗窃行为。[3] 显然警察预期看到犯罪行为，而他们也"确实"看到了。预期会让知觉出现偏差，偏向你相信事情是如何的方向。

○ 动机与知觉

另一个影响知觉的重要因素是动机。动机是我们做某件事情的理由。它也有许多不同类型，从最基础的生理需求，比如饥饿、口渴和性欲，到心理需求，比如爱、受到认可和自尊，最后到最高级的动机，比如利他行为以及马斯洛所谓的自我实现（实现个人的独特潜能的需求），不一而足。所有这些不同层次的动机可能都会影响到知觉过程。

较低层次的动机的影响最容易研究。比如，在一个实验中，孩子们被要求估计硬币的大小。在看到同一种硬币时，穷人家孩子估计的大小要比富人家孩子的大一些。在另一个实验中，实验者分别在餐前和餐后向学生们展示一些模棱两可的图形。相较于在吃过饭后，学生们在肚子饿时更容易将这些图形解读为与食物有关的东西。正如俗话所说的，"饿时吃糠甜似蜜，饱时吃蜜蜜不甜"。

强烈的情绪会激发行为和影响知觉。你很有可能从过去的经验中已经知道，愤怒的人很容易将别人都当作敌人。而恐惧的人倾向于看到他们所恐惧的，即所谓的杯弓蛇影，草木皆兵。一个更正面的例子则是，恋爱中的人倾向于将陌生人误认为爱人。

一般而言，动机驱使人们去实现目标或满足某种特定需求。而这样的动机或情绪也会使你的知觉发生偏差，让你看到你想看到的。

图式：心智的构成单元

如果知觉涉及到分析和评估感官信息，那么脑就必须使用某种匹配过程来判断我们感知到的东西。比如，设想在你的面前出现了一个有点模棱两可的视觉图案。那么你看到了什么？是弓，还是蛇？是草，还是人？要想认出它是具体哪样东西，你必须已经拥有弓、蛇、草、人等的心智模型，以便将感官获得的信息拿来与之两相比较。得到的最佳匹配就是你所看到的东西。

同样的过程也适用于更抽象的心智活动，包括语言、推理和记忆。比如，你无法判断在给定一个场合中，某个人所说的是场面话还是真心话，除非你已经拥有对于这种场合下的场面话和真心话的心智模型。这些心智模型被称为"图式"、"框架"或"脚本"，它们是知觉和思维的构成单元。

新图式可通过改造或组合旧图式而来，后者中的有些则是通过基因代代相传的。这些图式试图把握世界运行的核心规律性，包括它在过去是怎样运行的，以及我们设想它在未来又将如何运行。一个图式就是一个关于世界某个部分的模型或理论。借用斯坦福大学心理学家戴维·鲁梅哈特的说法，它是"一种关于我们所面对的事件、物体或情境的本质的非正式的、个人的、未明言的理论"，而"我们可用来诠释世界的一整套图式，在某种意义上，构成了我们对于现实的本质的个人理论"。[4]

图式通过将物体、人或情境的典型特征或属性集合在一起而帮助我们组织个人的经验。这些假设的集合让我们得以透过可用的部分信息而一窥全豹。

练习 23　图式如何让我们超越现有的信息

1. 阅读故事

为了说明图式如何引导你的理解，阅读下面的故事，并想象接下来会发生什么：

> 纳斯尔丁走进一家商店，并问道："你以前见过我吗？""从来没有。"店家答道。"那样的话，"纳斯尔丁反问道，"你怎么知道这就是我？"

2. 列出你可以确定发生了的事情

用你的心智之眼观察这个故事，然后列出你绝对确定地知道发生了的事情。换言之，你的列表只能基于故事里明确给出的信息。你可以反复阅读这个故事。花上你觉得必要的时间来完成整个列表。为了帮助你开始，我们在这里先列出几点，你可以继续完成它：(1) 纳斯尔丁走进了一家商店；(2) 纳斯尔丁问了一个问题；(3) 店家回答了这个问题……

3. 列出你可以合理推论发生了的事情

现在列出你可以合理假设或推论故事里发生了的事情。留意你的每个假设的基础。你可以反复阅读这个故事。你应该花上至少五或十分钟列出你的合理假设。你可以随时停下来，但务必列出十个以上的推论。下面是一些提示：(1) 纳斯尔丁是一个男人；(2) 店家并非盲人；(3) 纳斯尔丁用两只脚走路；(4) 店家并未说谎……

附注

你的推论列表应该比直接观察到的事实列表长得多。你很有可能列出了你可以想到的所有事实，却在列出推论时半途而废，因为你意识到这将无穷无尽。我们对于世界做出了大量假设，远比我们直接观察到的事实多得多。

> 注意到你对这个故事自动做出了多少假设。你的商店图式会引导你假设：店家在售卖某样东西（很有可能是商品，但也有可能是服务）；商店要么被阳光，要么被某种灯光所照亮；商店可能有多面墙壁、一面天花板、一扇或好几扇门，可能还有窗户，无疑还有一个地面；商店可能位于路边（大街或小巷），并且很有可能坐落在市镇的商业区。你的社交行为图式会引导你假设：纳斯尔丁很有可能从正门进入，而非从窗户进去；他是向店家提出了问题，而不是问别人；店家与纳斯尔丁之前素未谋面；他们是用相同的语言交谈；如此等等。世界运作的一般图式则会引导你假设那里的物理定律一如我们这里的：存在地心引力；门很有可能嘎吱作响；纳斯尔丁并非店家，因而他不是自言自语；纳斯尔丁不是一条会说话的狗；纳斯尔丁在开玩笑时脸上一本正经；诸如此类。

○ 万事万物皆有图式

在做前面的练习时，你很有可能已经发现，图式的概念与刻板印象有很多共通之处。比如，你可能会无意识地假设店家是男性。你可能也会注意到，图式在正常情况下不会受到意识的监督。我们通常不会意识到自己所采用的图式，比如自己在特定社交场合中所遵循的特定规范。我们只会感知到自己身处何种情境（正式的、友善的、亲密的等），然后相应做出适当的行为。

这种适当的（"期待的"）行为已经自动地被定义为相应图式的一部分。因此，如果你感知到自己正身处歌剧院，你的剧场图式就会引导你安静地坐在座位上，而不是在过道里走上走下。

你现在很有可能已经相信，万事万物皆有图式。"正如理论可以关于大事小情，"鲁梅哈特就写道，"图式也可以代表所有层次的知识——从意识形态和文化真理，到界定什么才算是我们语言中的一个合法句子的知识，到关于某个单词的意义的知识，再到涉及什么样的声音模式与什么样的字母组合相匹配的知识，不一而足。" 5

并且图式之间彼此连接。一个特定图式，比如"歌剧院里的观众"，会自动地引出一系列其他图式。比如，你会将舞台上一个身着皇家服饰的女人判断为一名歌剧演员，而不是某位皇亲国戚。

○ 图式的激活

到目前为止，我们都在使用纯粹的心理学术语来描述图式，但图式通常被认为具体体现为人脑中的神经元网络。目前的理论倾向于认为，一个图式组织经验的激活程度取决于相应的神经元网络的活跃程度。

弗洛伊德相信，心智可被分成三个层次：意识、前意识和无意识。借用这样的说法，一个图式在激活程度超过一个阈值后会导致产生一种意识经验。

其他激活程度较低、无法影响到其他图式的图式继续停留在无意识中。那些激活程度足以影响到其他图式的激活、但还不足以让自己进入意识的图式，则属于前意识心智的一部分。

不妨用一个例子来说明这些术语。试想这样一个单词，它所代表的图式很有可能在你目前的心智中尚未被激活："大海"。在你读到这个单词之前，你的大海图式很有可能连同其他与大海相关的图式一道沉睡在你的无意识心智中。但现在，你已经激活你的大海图式，让它超过了你的意识阈值。你的大海图式很有可能会带着其他图式（比如"鱼"、"海鸥"和"海边"）一同进入意识。你可能还会联想到这样的智者名言："不会在海难中失去的东西才是真正属于你的。"

除了带着其他一些图式进入意识，"大海"一词还激活了有些图式进入前意识水平。这是一些你将之与大海联系在一起、但关系还不够紧密到让你一听到就马上想起的东西。比如，你的船只图式很有可能就得到稍微激活（尽管在读完上句话后，它已经进入你的有意识心智了）。

即便你并未有意识地想起船只，你的船只图式仍在无意识层次上得到激活，这一点也可以通过观察图 5.1 中的图形 C 而得到证明。就像那些听过航海故事的受试者，你会迅速辨认出那是一艘船。因此，图式并不一定需要进入意识层次才能影响你的行为。

一个做梦的模型

○ 梦境的建构

我之前说过，梦境是由我们的知觉系统创造出来的对于世界的模拟。而刚刚介绍的觉醒时的知觉过程将有助于你理解这个理论。

首先，试考虑睡眠将如何改动这样的知觉过程。正如你在第二章中已经了解到的，在 REM 睡眠期间，来自外部世界的感官输入以及身体运动都受到抑制，同时整个脑却高度活跃。这样的脑活动导致某些图式得以超过其知觉阈值。它们进入意识，导致做梦者看到、听到、触到、**体验到**不见于外部环境的东西。

通常，要是你看到某种实际并不存在的东西，相互矛盾的感官输入很快就会纠正你的错误印象。为什么同样的事情不会在做梦过程中发生呢？原因在于，这时的脑几乎没有什么可用的感官输入来纠正这些错误。

我们可能在睡梦中梦到或体验到哪些东西取决于哪些图式得以超过阈值进入意识。但又是什么决定了哪些图式得到激活呢？它们不是别的，正是影响醒时知觉的相同过程：预期和动机。

预期在睡梦中也表现为多种形式。当我们在建构一个梦境时，我们预期它会与我们过往所经历的世界类似。因此，梦境中几乎无一例外都存在重力、空间、时间和空气。同样地，近期经验也以影响醒时知觉的同样方式影响做梦过程。弗洛伊德就将这称为"白日遗思"（day residue）。

个人兴趣、职业和关切不仅影响醒时知觉，也影响做梦过程。从一个墨迹中看到尼布甲尼撒王的烈火窑的神职人员可能也会梦到这位发疯的巴比伦国王。同样地，还记得那份发现警察比一般民众更倾向于预期见到，因而"实际"见到了犯罪行为的研究吗？你觉得哪组人更有可能梦见犯罪行为呢？

动机和情绪强烈影响着我们的醒时知觉，而我们可以预期它们对做梦过程来说也是如此。尤其是，你有可能梦见你所思所欲的——满足愿望的梦境。比如，设想你没有吃晚餐就上床睡觉。就像肚子扁扁的学生们有可能将模棱两可的图形解读为食物，你也有可能会梦见食物。弗洛伊德就惊叹于满足愿望的梦境如此普遍，他甚至将这作为自己整个梦的理论的基础。在弗洛伊德看来，**每一个梦就是一个愿望的满足**。不过，这看来是过度夸大了，因为噩梦就是一个显而易见的反例。

确实，就像它会让觉醒时的人草木皆兵，恐惧在梦境中也有同样效果。这很有可能正是为什么人们会梦见不愉快的，甚至令人恐怖的场景。不太可能是，像弗洛伊德所相信的，这是因为他们有着受虐倾向，潜意识中想要被惊吓。更有可能是，这是因为他们担心特定事件发生，因而在某种意义上，预期它们可能会发生。毕竟你不会怕鬼，如果你根本不相信鬼神的话。

○ 为什么梦境像故事一样？

这样看下来，你可能会预期，梦境会是由相互没有关联的意象、想法、感受和感觉构成的序列，而不会是有着细节和情节的、像故事一样的序列（尽管它们常常如此）。但我相信，图式激活也可以解释梦境的这种复杂性和有意义性。要想看出这一点，不妨回顾一下练习23。这个练习向你展现了，少量的通用图式如何就能生成大量的有意义细节：给一个图式一个黑点，它就会看到一只苍蝇；给一个睡着的脑一两个激活的图式，它就会创造出一个梦境。

有些梦境有着自洽的、有趣的、曲折的、深刻的情节，可与最好的故事、神话和戏剧相媲美。从这样一些睡梦中醒来，有时回想起来，在睡梦初期出现的一些人物或情节，其重要性只有等到结局时才最终得到显现。这样的草蛇灰线会让人产生其中事先已经有一个完整情节的印象。

很有可能正是这样一类睡梦，让人们产生了这样一个概念，即他们的无意识心智事先准备了一部带有某种讯息的梦境影片，供他们的有意识心智观看和解析。然而，我想，对此一个更简单的解释是，一个**故事图式**得到激活，并贯穿了整个睡梦。

故事图式的概念可能会让你感到意外，但要知道，万事万物皆有图式。故事图式，或者说叙事图式，是人类文化中最基础，也最共通的部分。故事最常表现为情节片段的序列，而它们通常可被分为三个阶段：开端、发展和结局。故事的开头介绍故事背景和人物，这些人物通常会遇上某个问题，最终这个问题在故事的结尾得到解决。

事实上，荣格就将睡梦描述为一场三幕戏剧。故事图式可以给出事件发生的次序、人物登场的时机、戏剧张力和释放的模式，以及"出人意料的"结局等。这时并不一定需要拉上无意识心智充当"梦境导演"。

○ 为什么梦境是有意义的？

将梦境视为关于世界的模型的观点，非常不同于将梦境视为讯息（而不论它是来自神明，还是来自无意识心智）的传统观点。我已经在别的地方驳斥过将梦境视为自己给自己的讯息的观点。[6] 尽管如此，诠释梦境还是可以揭示出关于人格的许多信息，因而可以成为一种有价值的做法。

其中的道理也很直截了当。想想墨迹测验。他们的解读可以透露出他们的个人兴趣、关切、经历、职业和人格。与墨迹相比，梦境包含更多的个人信息，因为梦中意象是由我们创造出来的，源自于我们心智的内容物。梦境可能不是讯息，但它们是我们自己最私密的个人创造。因此，它们不可避免会带上"我们是谁、我们是做什么的，以及我们想要成为什么样的人"的色彩。

○ 梦境的建构：两个例子

下面是两个假想的梦境的例子，用以说明梦境建构的几个特征：(1) 梦境是心智的不同部分（意识、前意识和无意识）相互作用的产物；(2) 图式、动机和预期会在梦境的发展过程中相互作用；(3) 梦境中没有注定要发生的事情。梦境既回应最基础的动机，也回应最高级的动机，既回应对于灾难的预期，也回应向往星辰大海的预期。

梦境一

我刚刚进入 REM 睡眠，而我的脑的激活程度逐渐提升。不到一分钟，某个图式已经超过知觉阈值。比方说，这是一个城市街道图式，它因为我的日间经验而维持在激活状态。一看到街道，我就强烈预期到会看到自己走在街上，然后我就走在街上了。

现在我注意到天色已晚，而街灯昏暗。这激活了一组与走夜路的危险性相关的图式（它们之前处于无意识或前意识中），包括预期到有人（或许是一个劫匪）会对我不利。就在这个令人恐惧的预期出现之时，一个人影出现在街对面。

那是谁？我看不清楚那个人，不知道他长什么样子，但我的心中闪过一个念头，他可能是我听说过的那个劫匪。于是他就变成了那个劫匪：他不怀好意地看向我，所以我转身开始朝反方向走。我害怕（也就是说，我预期）他会跟过来，于是他就跟了过来。我开始跑，他在后面追我。我在街头巷尾跑来跑去，试图摆脱他，但不知怎么地，他总能找到我。

最后，我躲在某处楼梯下面，稍微感到安心一点。然后我想到：但他说不定还是会发现我藏在这里！果然他就找到我了！我一身冷汗地惊醒过来。

梦境二

我刚刚进入 REM 睡眠，而我的脑的激活程度逐渐提升。不到一分钟，某个图式已经超过知觉阈值。比方说，这是一个城市街道图式，它因为我的白日遗思而留有一点残余的激活程度。一看到街道,我就强烈预期到会看到自己走在街上,然后我就走在街上了。

现在我注意到天色已晚,而街灯昏暗。这激活了一组与夜晚走在街上的经验相关的图式——首先想要的是,我必定是在去看电影的路上。我看到街对面有一个人影。我分不清是男人还是女人,但电影图式让我更愿意相信,那是一个我约好去看电影的朋友。当我走近时,我看到那确实就是我的朋友。

我们沿着街道走向电影院。这条街道现在显然是我熟悉的一条街道。我似乎忘了我们要看哪部电影,所以我看向入口处的广告牌。我的心智的某个部分必定意识到我在做梦——梦境图式被激活了,因为我看到广告牌上写着《最后大浪》(这是一部跟梦境有关的电影)。由于我已经看过它十多遍了,我纳闷自己为什么还要再看一遍。我再次看向广告牌,上面的字样变成了"梦或醒"。我不可能再错过这么明显的线索,我现在彻底意识到自己在做梦。就在我琢磨梦中广告牌的时候,我的朋友消失了。我一飞冲天,开始自由翱翔(因为我知道重力图式在这里并不适用)。

做梦时的心理限制

○ 假设可以非常危险

正如我们已经看到的,图式是一些理论,反映出关于世界的一些假设。如果你的假设出现错误,从而你的图式无法正确为世界建模的话，接下来应当出现一个修订理论、修改图式的过程，也就是著名心理学家皮亚杰所谓的"顺应"。顺应后的图式将更符合事实，而你也将获得比之前更多一点的知识。

如果我们始终不断让我们的图式顺应新的信息，随着我们的图式变得越来越包罗万象，变得更具适应性和理解力，我们的世界就会持续不断地扩展。不幸的是，人们并不总是在面对新信息时让他们的图式进行顺应。

我们可能甚至都看不见新信息，恰好因为它并不符合我们既有图式的假设。我们没有注意到可能出现的不一致，相反，我们扭曲，或者按照皮亚杰的说法，"同化"自己对于现实事件或物体的知觉，以使其契合既有图式。我们难以发现错别字，就是这种现象的一个例子。或者，如果我们确实看到了某个抵牾之处，我们可能会将这样的异常特征视为是不相关或有缺陷的。

试想这样一个纳斯尔丁的故事（苏菲派经常利用这位大智若愚的传说人物来诠释人类常犯的错误）："毛拉在窗边发现一只国王的猎鹰。他从未见过这样一只奇怪的'鸽子'。在修直了它的鹰钩嘴、剪掉了它的利爪后，他将它放生，并说道：'现在你看起来比较像一只鸟了……'"[7]

就像纳斯尔丁剪掉了鹰最显著的特征，只因为它不符合他的鸟类图式，我们可能也会同样自以为是，试图将新概念硬塞入既有图式中。顺便一提，纳斯尔丁的故事以及苏菲派的其他寓言故事的功能之一，正在于提供一些从新的角度看待我们自己的图式，提供一个帮助最终发展出更高级知觉的基础。

引导我们日常的醒时经验的一套基本图式也同样指导着我们日常的睡梦状态。我们暗含地假设，在这两种情况下，自己都是醒着的，而我们在做梦过程中的知觉则被加以扭曲，以契合这个假设。

当怪诞的梦中事件发生时，我们总有办法将它同化为我们认为可能发生的事情。如果我们恰好注意到或体验到它们是不同寻常的，我们通常也能够将它们合理化。

然而，如果你想要成为一名清醒梦的做梦者，你必须做好准备接受这样一种可能性，即这只"奇怪的鸽子"可能是一种你前所未见的鸟类，而有时候对于异常现象的解释是自己在做梦。

○ 预期在梦境建构中的重要性

你对于梦境应该是什么样子的预期和假设（而不论它们是有意识的，还是前意识的），有可能在相当程度上决定了你的梦境的具体形式。正如我已经说过的，这也适用于你的醒时生活。

对于自以为的人体极限的一个例子是，四分钟跑完一英里（合 1609 米）的迷思。在许多年里，它一直被视为是不可能做到的——直到有人做到了，它从不可能变成了可能。然后几乎紧接着，其他许多人也开始做到同样的壮举。

假设在梦时知觉中扮演着一个比在醒时知觉中更重要的角色。毕竟在物理世界中，我们的身体确实存在实际的极限，更别说还有物理定律的限制。

尽管四分钟跑完一英里的障碍已经被证明不是不可克服的，

人类的奔跑速度终究有其绝对极限。以我们现在的身体，四秒钟跑完一英里被普遍认为是不可能的。然而，在梦境中，就算有物理法则，我们也只是在习惯性地遵循它们。

对于清醒梦做梦者的行为确实可能存在生理限制，而这源自于人脑功能的限制。比如，清醒梦的做梦者似乎几乎不可能阅读连贯的文字。正如德国医生哈拉尔德·冯·默尔斯-梅斯默在1938年所报告的，清醒梦中的字母就是无法保持静止不变。当他试着专注于字词时，字母就变成了象形文字。（请注意，我这里并不是说我们永远无法在睡梦中进行阅读。我自己就曾经做过一些在其中进行了阅读的睡梦，但它们不是清醒梦；在清醒梦中，文字是响应做梦者的意向而出现的。）

不过，对于梦中行为的可能的生理限制，其数量要远少于在醒时生活中由物理定律所施加的那些，从而留下了更多空间让诸如假设之类的心理因素来限制我们在睡梦中的行为。

○ 如果你认为自己做不到，那么你就做不到

俄国哲学家邬斯宾斯基相信，"人无法在睡眠中思考，除非这样的思考本身是一个梦境"。从这一点出发，不知怎么地，他认为"一个人无法在睡眠中念出他自己的名字"。鉴于我们现在已经知道预期对于梦境内容的影响，你应该不会感到奇怪邬斯宾斯基会报告说，"正如我所预期的，如果我在睡眠中念出我的名字，我就会马上醒来"。[8]

另一位清醒梦的做梦者听说了这位哲学家的经历和故事，决定自己尝试一下这个实验。她向英国心理学家西莉亚·格林报告说："我想起了邬斯宾斯基的评判标准，即重复自己的名字。我做到了可以断断续续地意识到这两个单词，但这似乎产生了某种效应：它让我感到，或许可以说，'昏昏欲睡'；不管怎样，我终止了尝试。"[9] 在另一个更说明问题的例子里，帕特丽夏·加菲尔德描述了一个她自己做的清醒梦："在'刻下我的名字'一梦中，我在门上进一步刻下我的名字。我试着读出上面的名字，并意识到为什么邬斯宾斯基相信在清醒梦中是不可能说出自己名字的：在这样做时，整个空气为之振动，雷声大作，然后我就醒了。"结合格林的受试者的经历，加菲尔德得出结论："在清醒梦中说出自己的名字不是不可能的，但这样做会打断梦境。"[10]

我也读到过邬斯宾斯基的说法，但我既不接受他的结论，也不接受他的前提。我当时相信，在清醒梦中说出自己的名字是一件再容易不过的事情；很快，我开始检验自己的信念。在我早期的一个清醒梦中，我就大声说出了这个禁忌之词："斯蒂芬，我是斯蒂芬。"

除了听见我自己的声音在说我自己的名字，我并没有发现任何不寻常的事情。显然，邬斯宾斯基、格林的受试者以及加菲尔德都受到了先前预期的强烈影响。当然，我们每个人都是如此。在睡梦中（可能比生活的其他地方更是如此），如果你认为自己做不到，那么你就做不到。正如亨利·福特所说的，"相信自己做不到，相信自己做得到，不论哪种情况，你都是正确的"。

第六章 做清醒梦的原理和实践

做梦,还是醒来:如何随心所欲地维持睡眠或醒来

到目前为止,你已经学习了增强梦境回忆和诱导清醒梦的各种方法。或许你也已经成功地做了一些清醒梦,又或许你还知道如何多多少少随心所欲地诱导它们。在学会了如何意识到自己在做梦后,你能用这个知识做些什么呢?正如我们之前讨论过的,最吸引人的可能性之一是你可以控制梦境。你有可能梦到你想梦到的任何事情,就像睡梦瑜伽的修行者所相信的。但在你能够进行尝试之前,你需要能够做到维持睡眠和保持清醒。

清醒梦的初学者经常在变清醒的那一刻就醒了过来。他们能够辨认出梦征,进行状态检测,并据此得出结论自己在做梦,但最终的结果常常让他们感到沮丧,因为他们随即苏醒过来,或者在变清醒后不久又重新陷入不清醒的睡眠。不过,这样的障碍只是暂时性的。随着经验累积,你可以学会在梦境中待得更久一些。正如你接下来就会看到的,有一些具体方法看上去可以帮助你避免过早觉醒。总之,继续在实践过程中投入意志和注意力,你将能够不断提升自己做清醒梦的技能。

○ 避免过早觉醒

通过在家里床上所做的非正式实验，清醒梦的做梦者已经发现了各种方法，来避免过早觉醒而维持做梦状态。而所有方法都涉及，在发现梦境的视觉部分开始消退时，马上进行某种形式的梦中动作。

琳达·马加利翁是《梦境网络公告栏》电子报的编辑和发行人，也是一位勇敢的梦境探索者。她就描述过如何通过专注于除视觉之外的感官，比如听觉和触觉，来避免自己醒来。她报告说，所有下面这些活动都曾经成功地帮助自己避免从视觉形象开始消退的梦境中醒来：聆听声音、音乐或自己的呼吸；开始或继续一个对话；搓揉或睁开自己的（梦中）眼睛；触摸自己的梦中双手和脸；触摸物体，比如一副眼镜、一把梳子，或一面镜子的边缘；让自己被触摸；以及飞翔。[1]

这些活动与练习24中所描述的旋转法有着某种相通之处。它们都是基于这样一个思路，即让知觉系统忙碌起来，使得它无暇从梦境切换到醒时世界。只要你与梦境保持在知觉上的主动接触，你就比较不会转变到觉醒状态。

马加利翁可能是一位有着异乎寻常活跃的REM睡眠系统的做梦者；可能正是因为这一点，一旦她进入了REM睡眠，她就不难维持睡眠。然而，其他许多浅睡眠者发现自己难以较长时间地停留在清醒梦中。这些人需要更强大的方法来帮助他们停留在清醒梦中。哈拉尔德·冯·默尔斯－梅斯默是少数在20世纪上半叶亲身研究做清醒梦的学者之一。他第一个提出通过盯着地面看以稳定梦境的方法。[2]

通过专注于梦境中的某样东西以避免苏醒过来的想法，也被其他多位清醒梦的做梦者独立提出。其中之一是 G. 斯科特·斯帕罗，他是一个临床心理学家，也是经典的个人回忆录《做清醒梦：明晰之光的初现》的作者。[3] 他讨论了卡洛斯·卡斯塔涅达的著名方法，也就是在做梦的时候盯着自己的双手看以便诱导和维持清醒梦。[4] 斯帕罗认为，做梦者的身体是梦境中最不会变动的元素之一，因而可以帮助他在一个其他元素都在快速变动的梦境中维持其同一性。不过，正如他所指出的，身体并非梦境中唯一的相对稳定的参考物：另一个选择就是做梦者脚下的地面。在下面这个斯帕罗自己的清醒梦中，他就利用了这个想法：

> ……我走在街道上。现在是夜晚，我望向天空，惊奇地发现星星看起来非常清晰，似乎离我很近。在这一刻，我变得清醒。梦境一阵"振动"。我立即看向地面，聚精会神将梦中意象具象化，努力使自己停留在梦境中。然后我意识到，如果我将注意力集中在头顶上方的北极星，梦中意象将进一步稳定下来。我一直这样做，直到星星渐渐地恢复到原来的清晰程度。[5]

○ 梦中旋转

几年前，我有幸发现了一种高度有效的方法，可以避免觉醒，并可以帮助生成新的清醒梦场景。我当时灵机一动，既然梦中动作有着相对应的物理效应，那么反过来，通过降低我的物理身体的肌肉紧绷感来放松我的梦中身体，或许可以阻止苏醒过来。在下一次做清醒梦的时候，我检验了这个想法。在梦境开始消退时，我让自己完全放松，瘫倒在梦中地板上。然而，与我的意图相反，我似乎醒了过来。几分钟后，我才发现自己刚才实际上只是梦到了苏醒过来。我多次重复这个实验，所得到的效果是一致的——通过梦到苏醒过来，我就能停留在睡梦状态。不过，我的经历表明，这里的关键不在于试图做到的放松，而在于运动的感觉。在接下来的清醒梦中，我测试了许多不同的梦中动作，并发现在睡梦中往后倒或旋转可以尤其有效地延长我的清醒梦。下面是一个通过旋转身体以停留在睡梦状态的方法。

练习 24　旋转法

1. 注意到梦境何时开始消退

当一个睡梦结束时，视觉场景会最先消退。其他感知可能会持续更久一点，触觉则是其中最后一批消失的。一个清醒梦即将结束的第一个征兆通常是你的视觉意象失去了色彩和真实感。梦境可能失去视觉细节，开始表现出一种仿佛卡通画或者久洗褪色的模样。你可能发现光线变得黯淡，或者你的视力变得越来越差。

2. 一旦梦境开始消退，立刻旋转身体

一旦清醒梦的视觉意象开始消失，赶在对于你的梦中身体的感觉消散之前，快速伸展双臂，让自己像陀螺一样旋转。不论你是像跳芭蕾舞那样踮着脚尖旋转，还是像陀螺，像苏菲派旋转舞，像孩子，或像瓶子那样旋转，怎样都没有关系，只要你能确切感觉到你的梦中身体在运动即可。这跟你想象自己在旋转不是一回事；为了让这种方法起作用，你必须感受到那种真切的旋转感觉。

3. 在旋转时，提醒自己接下来看到的将很有可能是一个梦境

继续旋转，并不断提醒自己，接下来看到的、摸到的或听到的将很有可能是一个梦境。

4. 不论你身处何处，检测你的状态

继续旋转，直到你发现自己已经处于一个稳定的世界中。这时你要么仍在做梦，要么已经醒来。因此，仔细地、批判性地检测你所处的状态（参见第三章）。

附注

如果我认为自己已经醒来，我总是会查看床头电子钟的时间。这通常可以作为一个万无一失的现实检测方法。

常常是，旋转程序会生成一个新的梦中场景，可能是你睡觉的卧室，或某个更不寻常的地方。有时候，刚刚消退的梦中场景会重新焕发生机。

通过在旋转过程中不断提醒自己在做梦，你可以让自己在新的梦中场景里保持清醒。没有这个特别的努力，你有可能会误以为自己实际已经苏醒，即便许多荒诞的梦境内容历历在目。

假觉醒发生的一个典型场景是，在旋转过程中，你感到自己的手打到了床，并且你心想："好吧，我必定是醒了，因为我的手刚刚打到了床。大概旋转法这次失效了。"当然，你应该这样想："由于打到床的、旋转中的手是一只**梦中的手**，所以它必定打到的是一只**梦中的床**。因此，我仍在做梦！"不要忘记在使用旋转法后检测你的状态。

○ 旋转法的有效性

这种方法对于包括我在内的许多做梦者来说是极其有效的。在我博士研究最后六个月所做的 100 个睡梦中，我在其中 40 个睡梦中使用了这种方法。结果其中 85% 生成了新的梦中场景，而我得以在 97% 的这些新梦境中保持清醒。当旋转法生成新梦境时，新的梦中场景几乎总是与我的卧室非常相似。

其他使用过这种方法的清醒梦做梦者的经历跟与我的非常相似，但它们也表明，旋转后产生的清醒梦不一定都是卧室场景。比如，其中一位清醒梦做梦者就发现，在自己使用了旋转法的 11 次经历中，除卧室之外的场景出现了五次。

这些结果表明，旋转法可被用来过渡到清醒梦的做梦者想要前往的任何梦中场景（参见练习 27）。在我的例子中，看起来，我在使用旋转法后几乎总是过渡到卧室场景，可能是我在发现这种方法的过程中所形成的一个偶然。事实上，我尝试过利用这种方法过渡到别的地方，但大多无功而返。尽管我确实**想要**前往除卧室之外的其他地方，但我无法说，当时我完全**预期**会如此。我相信自己有朝一日将能够忘却这样一种偶然生成的联结（如果事情真是这样的话）。

与此同时，我也不免要再次感叹这种能够决定我的清醒梦走向的预期的力量。

○ 旋转法是如何起作用的?

为什么在梦中旋转会减少觉醒的可能性？这很有可能涉及到多个因素。其中之一可能与神经生理学有关。与头部和身体的运动有关的信息（它受到内耳的前庭系统的监控，这个系统也帮助你保持平衡），经过脑的处理，与视觉信息紧密结合在一起，从而生成一幅稳定的关于世界的图景。借由这样的信息整合，不论你怎样摇头晃脑，世界看上去都不会移动，哪怕你视网膜上的世界意象在移动。

由于在梦中旋转时感受到的运动感觉是如此逼真，与实际物理运动中的感觉一般不二，所以有可能在这两种情况下，相同的脑系统得到激活，并达到一个相似的活跃程度。其中一个吸引人的可能性是，通过刺激旨在整合从中耳侦测到的前庭系统活性的脑系统，旋转法增强了 REM 睡眠系统在这附近的组成部分的活性。神经科学家已经取得直接证据，表明前庭系统有参与生成 REM 睡眠中的快速眼动。[6]

另一个可能的原因与这样一个事实有关，即当你想象透过一个感官感知某样东西时，该感官对于外部刺激的敏感度就会降低。因此，如果脑正在忙于生成那种源自内在的、关于旋转的逼真感官经验，它就更难以根据外部感官输入生成一个相矛盾的感觉。

○ 在过早醒来后该怎么办？

即便你发现自己在竭尽全力后仍然醒了过来，你还是有成功的机会。那就是**不动装死**！如果你在从一个清醒梦（或非清醒梦）中醒来后保持一动不动，并彻底放松身体，有可能 REM 睡眠会再度降临，而你将得到一个机会带着意识进入一个清醒梦（参见第四章）。对于那些有着一种强烈倾向停留在 REM 睡眠中的人来说，几乎每次他们从一个睡梦中醒来，这种情况就会发生，直到他们决定动一下自己的身体。艾伦·沃斯利是世界上最经验丰富的清醒梦做梦者之一。他从五岁开始就在进行他个人的清醒梦实验。20 世纪 70 年代，在与基思·赫恩合作进行的一系列探索性实验中，他首次从清醒梦中发出讯息。[7]沃斯利似乎就具有这种难得的天赋，而他为那些刚从清醒梦中醒来但渴望重回其中的做梦者提供了如下建议："一动不动地躺着——不要动一块肌肉！放松，然后等待。睡梦会自己回来。我就利用这种方法接连做过几十个清醒梦。"[8]

避免失去清醒：通过自我对话引导自己的思绪

打从学会说话时起，我们就一直在使用语言来控制自己的思想和行为。小时候，父母会告诉我们要做什么以及该怎样做，我们则受到他们的语言的引导。当我们第一次自主做这些事情时，我们也会大声重复父母的指示，来提醒自己要做什么以及该怎样做。现如今，我们已经将这样的父母引导角色完全内化，因而在执行复杂的新程序时，我们会默默地向自己重复这些指示。

我们也可以使用这样的言语指示来引导自己在清醒梦中的行为（比如，来维持知道自己在做梦的觉察）。在变得清醒和保持清醒最终成为一个自然而然的习惯之前，我们都很容易在每次注意力发散时失去清醒。在我们对梦境的某个层面投入太多兴趣的那一刻，清醒状态就会消失。如果你是做清醒梦的新手，并在保持清醒上遇到了困难，一个临时性的解决方案是，你可以在自己的清醒梦中**自己跟自己对话**。通过重复诸如"这是一个梦！这是一个梦！这是一个梦……"或"我在做梦！我在做梦！我在做梦……"之类的说法，来提醒你自己要记起自己在做梦。如有必要，这样的自我提醒也可以在睡梦中"大声说出来"。不过，最好还是默默地说出来，以避免这样的重复成为梦境的主导性特征。

斯帕罗也推荐这种做法，建议清醒程度不稳定的做梦者"专注于一个断言，通过它不断提醒自己梦境体验的虚幻本质"。[9]他指出，为了让这样一个断言（比如，"这是一个梦"）可以在睡梦状态下成为一个有效的辅助，在觉醒状态下牢记住它并将之潜移默化，是至关重要的。

在累积了一些经验后，你将学会辨认出在哪些情况下自己比较容易失去清醒，并发现自己可以不花费有意识的努力就保持住清醒。这样的学习过程可以发生得相当快速。在我研究做清醒梦的第一年里，我在 62 个清醒梦中的 11 个里失去了清醒；第二年，在 111 个清醒梦中，我只在一个里失去了清醒；然后第三年，我只在 215 个清醒梦中的一个里失去了清醒。[10] 在接下来的十年里，我在清醒梦中失去清醒的比例始终不超过 1%。

随心所欲地醒来

我的第一个清醒梦源自于我在五岁时的一个发现，即我可以通过大喊"妈妈！"让自己从令人害怕的梦境中醒来。[11]

我发现了一种听起来像悖论但其实非常简单的方法，可以让人随心所欲地醒来："通过入睡而醒来。"只要我想从清醒梦中醒来，我就躺在离我最近的梦中床铺、沙发或云朵上，闭上我的梦中双眼，然后"入睡"。通常我会立刻醒来，但有时候我只是梦到自己醒来。当我意识到自己仍在做梦时，我就会再尝试"真正"醒来，有时一试即成，有时则只是在一连串的假醒来后才真正醒来。

（加利福尼亚州帕洛阿尔托的 B.K.）

当我还是一个小女孩，大概六岁时，我发现了一种方法可以在梦境变得太过不舒服时让自己醒来。我已经记不起自己是怎样发现这种方法的，但我会用力地眨三次眼睛。这种方法一度很管用，帮我摆脱了许多相当恐怖和超自然的场景，但后来情况有所改变，这种方法开始使我产生假醒来。有一回，我用这种方法结束了一个稍微有点不舒服的睡梦，结果却发现自己在卧室里醒来，正值一场骇人的飓风即将袭来之际。当时的感觉非常逼真，所以等到我真正醒来之后，我就决定不再使用这种方法了。

（加利福尼亚州雷德伍德城的 L.L.）

如果说避免过早醒来的秘诀是保持对于梦境的主动参与，那么随心所欲地醒来的秘诀就是从梦境中抽离你的注意和参与。思考、做白日梦，或者将你的注意抽离梦境，然后你就非常有可能醒来。

当五岁的艾伦·沃斯利召唤他在物理世界里的妈妈时，他就将自己的注意转离了梦境，同时有可能激活了他睡着的身体的发声肌肉，后者也有可能让他醒来。

但大概没有比贝弗利·肯杰尔斯基（Beverly Kedzierski）的"通过入睡而醒来"诀窍能够更好地说明这个通过将注意抽离梦境而醒来的原理。毕竟，睡眠不就是意味着将注意抽离我们周围之事物，任由沧海变桑田吗？

另一种从梦境中抽离你的参与的方式是，不再进行 REM 睡眠的那个关键特征——快速眼动。保罗·托莱做过实验，尝试在清醒梦中将视线固定在一个定点上。他发现，固定视线会造成那个定点变模糊，然后整个梦境消退，受试者在四到十二秒内醒来。他注意到，有经验的受试者可以利用这个梦中场景消退的中间阶段"来依照个人意愿重塑梦境"。[12] 艺术家和睡梦研究者法里芭·博格萨兰也描述过一种非常类似的方法，称为"有意识的专注"。她专注于自己清醒梦中的一个物体，直到她重新获得觉醒时的意识。[13]

然而，前面的例子也表明，利用各种方法从睡梦中醒来可能导致假醒来。有时候，假醒来可以比原本你试图摆脱的梦境更让人不安。一般而言，很有可能最好不要试图通过逃至觉醒状态来摆脱令人恐怖的梦中意象。第十章将解释为什么你可以从直面梦魇中获益，以及你该如何做。一个对于这些方法的好的运用的例子是，在你对于梦中事件和状况仍有一个清晰把握时让自己从梦中醒来。

两种类型的梦境控制

在我们接下去讨论你可以用来将自己的意志施加到梦中意象上的种种方法之前，让我们先考虑一下对于你在清醒梦中获得的新的自由，你可以如何加以运用。

在面对具有挑战性的梦中状况时，你有两种方法克服它们。一种方法涉及对于梦境的神奇操纵：控制"它们"；另一种则涉及自我控制。事实上，第一种方法不总是能奏效——但这可能实际上反而是一件好事。要是我们学会了在清醒梦中通过神奇改变自己不喜欢的东西来解决问题，那么我们可能会错误地期望在自己的醒时生活中也可以这样做。比如，我曾经做过一个清醒梦，梦到一只可怕的巨魔，而我通过将自己的爱和接受的感觉投射到它身上，从而在我的梦中得到了一个令人满足的、和平的、让人成长的结局。但设想当初我选择将我的对手吹口气变成一只癞蛤蟆，并这样解决掉它。要是我在醒时生活中与我的老板或其他我可能视为一只巨魔的权威人物发生冲突，这样的梦中经验会对我有所帮助吗？毕竟我总不能把他也变成一只癞蛤蟆吧！然而，一种待人态度上的转变却可能真正解决问题。

一般而言，在面对让人不舒服的梦中意象时，一个更有用的方法是控制自己。自我控制意味着控制自己的习惯性反应。比如，如果你知道自己应该直面恐惧，但你还是感到害怕并转身逃走，那么你就没有在控制自己的行为。尽管那些看上去发生在梦境中的事件是虚幻的，但我们对于这些梦中事件所产生的感觉却是真实的。因此，当你在一个睡梦中感到恐惧，并意识到这只是一个梦时，你的恐惧可能并不会因此自动消失。你仍然需要面对和处理它，而这也正是为什么清醒梦是一个为我们的醒时生活做排练的绝佳地方。我们可以自由控制自己对于梦境的反应，而我们在这个过程中所学到的东西可以很容易就应用到我们的醒时生活中。在我的"巨魔梦境"中，我获得了一定程度的自我控制和自信，而它不仅在梦境中，也在醒时世界中对我助益良多。经过这样的清醒梦遭遇，我现在有信心自己能够妥善处理所面对的任何状况。如果你想要增强自己的自信，我的建议是，你需要控制你自己，而不是梦境。

飞翔

我读过你的作品,以及你介绍的做清醒梦的方法。我练习能否注意到自己在做梦。第一晚,在做了好几个非清醒梦后,我突然记起要问自己是否在做梦。就在我回答"是"时,一件你的书中没提到过的事情发生了。梦境中的一切变得极其逼真。其视觉意象就好像是有人调高了画面的对比度和色彩。我看一切看得一清二楚。我的所有梦中感官都得到了强化。我突然强烈地感受到温度、空气运动、气味和声音。我有着一种一切尽在我的控制之中的强烈感受。尽管我原本没有计划要飞翔,但梦境中的某样东西却让我想到了飞翔,于是我一跃而起(就像超人一样),尽情飞翔。这是我所体验过的最快乐、最逼真的梦中感觉。我穿越楼宇之间,越飞越高。前面是一个公园,我在那里做了几个空中动作。这是我当晚所做的最后一个梦,而兴奋之情持续了一整天。我向所有愿意聆听我的实验和成果的人讲述了这段经历。

(马萨诸塞州韦斯特伯勒的 G.R.)

有一晚,我梦见自己站在一座平缓的山丘上,下面是一片枫树、赤杨树及其他树木。枫叶红艳,在风中沙沙作响。我脚下的草地青葱翠绿。我周围的所有色彩都比我之前所见的更加饱和、浓烈。

或许正是色彩"比平常更鲜亮"的感受让我惊觉自己在做梦,而我周围的一切都不是"真实的"。我记得我对自己说:"如果这是一个梦,我应该能够飞到天上。"我测试了自己的直觉,并欣喜地发现自己可以毫不费力地自由飞翔。我越过树梢,一直飞了好几公里。我向上飞去,在气流中盘旋,就像老鹰一样。

当我醒来时,我感到这段飞翔经验仿佛给我充满了能量。我感到了一种看上去与我在睡梦中保持清醒并得以进行飞翔的经验直接相关的快乐感觉。

(华盛顿州埃弗里特的 J.B.)

梦中飞翔与清醒梦以多种方式密切联系在一起。首先,如果你发现自己不借助飞机或其他合理的工具就可以飞翔,那么你正在体验一个明显的梦征。其次,如果你开始怀疑自己正在做梦,那么尝试飞翔常常是一个检测状态的好方法。最后,如果你想在清醒梦中造访地球的另一端,或遥远的星系,那么飞翔是一种绝佳的转移方式。

如果你认为自己在做梦,那么试着离开地面,看看自己是否可以飘到空中。如果你在室内,那么在绕房间飞了几圈后,试着寻找窗户。飞出窗外,极力飞高。说来有趣,不少做梦者(大多是都市人)曾报告说,他们有时会遇到一道表现为高压电线的障碍,似乎在阻止他们通过。其中有些人还提到,当他们穿越这些"电"线时,自己会感受到一股能量冲击,连同一阵光亮爆发。而在越过那道障碍后,梦境探索者已经飞遍整个地球,飞到其他行星、恒星和星系,甚至飞到像卡美洛或香格里拉这样的神秘国度。

飞翔很好玩,因而单纯为了享受它的乐趣也值得一做,哪怕你并不想要飞到具体某个地方。根据我们所收到的数百封来信，人们似乎能以任何想象得出来的方式飞翔。许多人像超人那样，将双手伸直飞翔。同样常见的是在空中"狗刨"，很有可能是因为我们所能得到的、与在空中飞最接近的体验就是在水中"飞"。还有人则背生或脚生双翅，或者摆动双手，又或者乘着装有发动机的麦片盒、飞毯或超音速摇摇椅。

一种挑战自我并开始飞翔的方式是，从高楼或悬崖顶上一跃而下。无法控制的坠落是一个常见的梦魇主题，而下面这个例子就凸显了梦中飞翔在克服此类恐惧上的潜在用途：

> 尝试飞翔是我在清醒梦中所做过的最有趣的历险。我很恐高，所以在睡梦（但不是噩梦）中坠落是我经常梦到的。我总是在落地之前就醒过来。但在尝试我在你的文章中所提到的练习时，我飞到了那些在以前的梦境中原本会让我恐惧万分的地方——开阔水域、雪山等。
>
> 有一晚，我冲到了外太空，然后又回到地面。我一点也不恐惧。但在最终来到一座高山的一条小山脊时，我害怕落地过程，怕到差点醒过来。通过使用你所教的方法（尤其是旋转法），我迫使自己特意落在山脊的最边上。我可以看到脚下的群山，感觉到寒意，甚至闻到新鲜的空气。知道自己不会受伤的感觉真好，因为如果我开始坠落，我也可以再次飞起来。
>
> （加利福尼亚州弗里蒙特的 N.C.）

扩展你的梦中知觉

> 我在自己的一个睡梦中取得了有意识的控制。我骑着脚踏车出去,因为我想扩展自己的感官经验。在骑行过程中,我开始支配我的感官:听!然后我就听到了自己沉重的呼吸声;闻!然后我就闻到了一阵香烟烟味。我触摸到了一棵树皮粗糙的大树,听到了麻雀翅膀挥动的声音,看到了一片绿意,感觉到了脚踏车的把手。我的感官如此活跃,就如同在觉醒时一样。但我知道自己在做梦。这让我异常兴奋!我拼命地踩动脚踏车,试图醒来,而在醒来时,我感觉自己精神焕发。
>
> (加利福尼亚州旧金山的 L.G.)

大多数人在发现自己在做梦时都会感到吃惊。这样的惊讶源自于他们意识到,原来自己一直在自欺欺人。尤其是当他们第一次了解到自己平常值得信赖的感官竟然在向自己绘声绘色地描述一个不可能存在于梦境之外的世界时,这无疑会让人大吃一惊。事实上,人们的第一次清醒梦的一个最常见特征就是,一种超级逼真的感觉——你在梦境中环顾四周,所见所闻都是你的心智创造出来的生动、精致的细节。

第一次做清醒梦的做梦者常常惊喜地注意到自己的感官变得格外敏锐,尤其是视觉。听觉、嗅觉、触觉和味觉可以在瞬间得到强化,就像仿佛你找到了控制感官的调节旋钮,并把它们调高了一挡。不妨尝试一下。在你探索梦境时,每次操控自己的一种感官。在日常生活中，我们有很好的理由来调低自己的感官，以便我们能够全神贯注地将眼前的事情完成。然而，在你的睡梦中，你可以学习如何将它们再次调高。

我们的感官获得了关于自己身体内外的事件的数据，而我们的脑则将这些数据组织成关于我们所经验的世界的模型。我们都已经学会以特定的方式来思考、感知和理解这个世界，而这样的学习过程大部分都发生在我们的婴儿时期。为世界建模的过程是自动发生的，在我们能够想到它之前就已经发生。因此，当我们在清醒梦中发现我们**信以为真**的大戏可能只是一种舞台背景，而其中的所有人不过是一些心理建构时，我们会感到吃惊。然而，一旦我们习惯了这个概念，开始在睡梦状态下有意识控制我们的感官就是一种自然而然，也益处多多的事情了。

○ 梦中电视

20世纪80年代早期，继续身兼清醒梦的做梦者和研究者的双重身份，艾伦·沃斯利发展出了一系列有趣的"电视实验"。[14] 在自己的清醒梦中，他找到一部电视机，打开它，观看它，并试着改变诸如音量和色饱和度等。有时候，他假装电视机会响应他的语音控制，使得他可以向电视机问问题，并要求它显示不同的图像。

沃斯利报告说："我试着去操纵图像，就仿佛我在通过不断试错来学习操作一部内在的计算机视频系统（包括'移镜头'、'摇镜头'、即刻更换场景、'推拉镜头'）。此外，我还试着通过诸如画框或舞台拱门之类的框架来截取图像的一部分('取景'),并让它们远离图像('升镜头')。"[15]

> **练习 25 梦中电视**
>
> 在就寝前,做好心理预备,下定决心要记起这个实验。在睡梦中清醒过来后,找到或创造出一部巨大的、超高画质的、环绕立体声的电视机。让自己感到舒服和放松。打开电视机。找到控制音量、亮度和色饱和度的旋钮,并慢慢操弄它们。调高或调低音量。微调画面的色彩。当画面已经令人满意时,想象你最喜爱的食物的味道从电视机里飘出来。如果你肚子饿了,不妨让食物出现。尝一口食物。想象出天鹅绒枕头和绸缎睡衣。锻炼你的每种感官。观察在你调整这部为世界建模的梦中电视机的色彩或对比度时自己心智中所发生的一切。

操控清醒梦

我梦到自己从一栋建筑物的一侧坠落,而在我坠落的过程中,我知道自己还没有准备好面对这次坠落,所以我将建筑物改变成悬崖。我抓住悬崖上生长的树枝和灌木,并开始自信满满地往下爬。事实上,当有个人从我的上方掉下来时,我抓住了那个人,并告诉他可以想象出立足处和植物来支撑自己,因为"这只是一个梦,而你在梦中想做什么都可以"。我享受着这种故意让自己面对危险和风险而体验到的全新的激动和兴奋之情。这是我人生中非常令人满足和骄傲的一刻。

(加利福尼亚州弗雷斯诺的T.Z.)

在这个睡梦中,我正在我妈的房子里,并听到从另一个房间里传出来的说话声。进入房间后,我立刻意识到自己在做梦。我的第一个命令是要求房间里的人聊一些更吸引人的话题,毕竟这是在我的梦中。就在那一瞬间,他们把话题换成了我最喜欢的爱好。我开始下令要求一些事情发生,然后它们就真的发生了。发生的事情越多,我提出的要求也越多。这是一次非常令人兴奋的经验,我所做过的最令人兴奋的清醒梦之一,很有可能正是因为我更加掌控一切,并对自己的行为更加自信的缘故。

(伊利诺伊州芝加哥的R.B.)

两周前,我做过一个梦,梦见自己被一股狂暴的龙卷风所追逐。当时我正站在一大片海滩上方的悬崖上,正在教别人如何飞翔。我告诉他们这只是一个梦,而在一个梦中,要想飞翔,你需要做的只是相信自己可以飞翔。我们正玩得开心,这时风暴突然从海面上袭来。龙卷风是我睡梦中的一个常见主题。它们可以说是我的心智所养的宠物怪兽之一。

当风暴出现时,它通常伴随着强风、闪电和巨浪。一个小男孩、一条小狗和我跑了许久,试图找个地方躲避风雨。然后我们不得不在海边的一个巨大悬崖边停下来。恐慌几乎让我失去了清醒。但接着,我想到:"等等!这是一个梦!只要你愿意,你就可以继续奔跑。或者你可以摧毁风暴或改变它。风暴无法伤害那个男孩和小狗。它想要的是你。不要再跑了。看看你心里想的是什么吧。"

一想到这里,就仿佛有一种特殊的力量举起了我们三个,而随着我们被卷进龙卷风,我们的身形几乎被摧毁。那个男孩和小狗在中途就消失不见了。在风暴当中有一种美丽的半透明的白色,以及一种极其平和的感觉。与此同时,它也是一股活生生的能量,似乎在等待着被形塑,并且还是可以被不断形塑和重塑、成形和变形。这是某种极其有活力、极其活生生的东西。

(弗吉尼亚州纽波特纽斯的 M.H.)

在睡梦中采取行动意味着许多事情——你可以像前面所引例子中的那样命令梦中人物或操控场景,或者你也可以决定探索一部分的梦中环境、在一个特定场景中发泄不满、反转梦境场景或改变情节。尽管,正如前面已经提到过的,做清醒梦的最大益处可能不是来自于对梦境施加控制,而是来自于控制你自己对于梦中情境的反应,但尝试不同类型的梦境控制还是可以增强你在睡梦中的清醒程度。保罗·托莱就提到过多种操控清醒梦的方法:通过意向和自我暗示在睡前进行操控,以及通过愿望,通过内在状态,通过注视,通过言语表达,通过特定行为,通过梦中人物的协助等进行操控。[16]

第三章已经表明，意向和自我暗示可以影响清醒梦。通过愿望操控的例子比比皆是，大量梦境探索者简单通过想要它发生，就真的变换了自己的位置或改变了梦境。通过内在状态操控则尤其有趣。托莱在说明这一点时提到了他自己的研究发现："梦中环境会受到做梦者内在状态的强烈影响。如果做梦者勇敢地面对一个具有威胁性的人物，其威胁性通常会逐渐减弱，而其形象常常会开始变小。另一方面，如果做梦者让自己被恐惧占据上风，梦中人物的威胁性就会增强，而其形象也会变大。"[17]

通过注视操控在托莱的适当的清醒梦行为理论中占据了一个重要地位。托莱也引用了他自己的研究来支持这样一个假说，即通过直接注视梦中人物的眼睛，就可以消除其威胁性。通过言语表达操控则是说："你可以通过以适当的方式跟梦中人物说话，就在相当程度上影响其外表和行为。'你是谁？'这样一个简单的问题就会让你所说话的梦中人物发生显著改变。陌生人这时会变成你熟悉的人。显然，这种愿意通过与一个梦中人物交谈而了解自己以及自己所处状况的心理，使你得以达到睡梦中最高程度的清醒：那种想要知道睡梦象征着什么的清醒。"[18]

旋转、飞翔和盯着地面看都是通过特定行为操控的例子：这是一些帮助你稳定、增强或延长清醒状态的行为。其他梦中人物可能也会帮助你操控梦境，以找到答案、解决难题或单纯享受梦中时光。与具有威胁性的梦中人物和解，可以帮助你达到更好的内心平衡和自我整合。这种做清醒梦的运用方式是第十一章的一个重要话题。

在梦境中周游

在一个更基本的层次上，为了充分运用这种睡梦中的清醒状态，你需要知道如何周游梦境。对于许多清醒梦的应用，你可能希望或需要找到一个特定地方、特定人物或特定情境。而做到这一点的方法之一是，定下愿望要梦见自己所选择的主题。这常常被称为"孵梦"（dream incubation）。这是一种在许多将睡梦视为宝贵的智慧来源的文化中由来已久的程序。在古希腊，人们会前往专门的睡梦神庙睡觉，以期找到答案或对策。

睡梦神庙很有可能对于孵梦来说不是必要的——尽管它们无疑可以帮助睡眠者将他们的心智专注于自己的来意上。这正是个中关键：要让你的问题或愿望在睡前深深扎根于你的心智。为了做到这一点，首先，需要想出一个简单的说法来描述你想做的睡梦的主题。其次，就本书目的而言，由于你想要诱导清醒梦，所以你还需要将想要在睡梦中清醒过来的意向纳入你的专注范围。最后，你集中全部的心理能量，想象你自己处在一个相关主题的清醒梦当中。你的这个意向应该是你在入睡前所想的最后一件事。下面这个练习将引导你完成这个过程。

练习 26　清醒梦孵梦

1. 表述你的意向

在上床前，想出一个短句或问题来概括你想要梦到的主题："我想要造访旧金山。"写下这个说法，或许再画出一幅描述它的图像。牢牢记住这个说法和图像（如果有的话）。如果你想要在这个睡梦中进行某种特定行为（"我想要告诉我的朋友我爱她"），要确保现在就把它表述出来。在你的目标说法之下，写下另一句话："当我梦见［目标说法］时，我会记起自己在做梦。"

2. 上床

其他什么都不要做，直接上床，然后关灯。

3. 专注于你的说法以及想要变清醒的意向

回想起你的说法或你所画的图像。想象你自己梦到这个主题，并在梦中清醒过来。如果你想在梦中做某件事情，另外想象你在变清醒后立即做了它。专注于你的说法以及想要在睡梦中清醒过来的意向，直到你入睡。在此期间，不要让任何其他思绪乱入。如果你分心了，重新专注于你的说法以及想要变清醒的意向即可。

4. 在清醒梦中落实你的意向

在一个与你想要的主题相关的清醒梦中落实你的意向。问你想问的问题，说你想说的话，或者尝试你想做的新行为，探索你想了解的情境。记得要留意你的感觉，并留心观察梦中的所有细节。

5. 在实现你的目标后，记得醒来并记下梦境

当你在睡梦中获得一个令人满意的答案时，运用本章前面提到的方法让自己醒来。随即记录下梦境，至少是包括答案的那一段梦境。即便你认为清醒梦并没有回答你的问题，一旦它开始消退，也要让自己醒来并记下梦境。你可能在思考后发现，你所需的答案其实隐藏在睡梦中，只是自己当时没有看出来。

○ 创造出新场景

> 在达到这种清醒程度的睡梦中，我还可以随心所欲地改变物体的形状，或变换自己的位置。看着梦中意象变来变去真是令人赏心悦目。它们就像色彩在阳光下融化，直到你周围的一切都是这些不断变幻、移动的活生生的色彩/能量/光亮（我不确定该如何描述它），然后这些梦境构成，这些对于白天心智的原生质般的模型在你身边形成新的场景。
>
> （弗吉尼亚州纽波特纽斯的 M.H.）

另外一个梦见特定事物的方法是，当你身处一个清醒梦中时，试着找到它们，或者想象出它们。在其他关于睡梦的文献中，你可能会读到一些对于故意影响梦境内容的反对意见。有些人相信，睡梦状态是一种心理上的"荒原"，不应该受到人为干预。然而，正如第五章所讨论的，睡梦源自于你自己的知识、偏见和预期，而不论你是否意识到它们。如果你有意识地改变梦境中的元素，这并不算人为干预；这只是一种普通的做梦机制，只不过它运行在一个更高的意识水平上。睡梦可以是灵感和自我知识的源泉，但你也可以运用它们来寻找问题的答案，以及满足你醒时的欲望。

随心所欲地改变梦中场景也可以帮助你充分了解自己所拥有的创造幻觉的能力。看到周围的世界可以在自己一声令下后从曼哈顿的一个鸡尾酒派对切换到火星上的运河，无疑要比读到本书的"梦境是一个你自己创造出来的心智模型"的苍白文字更具说服力。

意识到自己可以随心所欲地操控梦境,由此得到的对于睡梦的进一步掌控感将给你自信,让你得以无所畏惧地面对睡梦所带来的一切。在睡梦中,只要你想得到,你就做得到。你可以改变自己袜子的颜色,要求重新上演一次落日,或者接下去前往另一个星球或伊甸园,只要你想要这样做。下面是几个练习,你可以试着用来引导你的梦境。对于在睡梦中改变场景的最好方法,目前还知之不多,所以不妨将这些练习作为提示,然后想办法找出你自己的方法。

○ 旋转出一个新的梦中场景

> 在我的梦中旋转实验中,我想要前往我正在读的一本书中的场景。我想要破解书中的谜团。我接近了我的目标。我从故事开始的地方开始,依次遇到了书中的角色,然后来到书中我遇见另一位巫师角色的地方,但见他一阵助跑,跃出山间城堡的高墙,摇身变成一只鹰,从而摆脱了敌人。我也跃出了高墙,并变成了一只鹰。我的装扮和说话方式变得跟这个角色一样,并且我在破解书中谜团的过程中起到了一个积极作用。
>
> (犹他州盐湖城的 S.B.)

在清醒梦中旋转身体,可能不仅能够帮助你避免过早醒来。它可能还可以帮助你前往任何你想去的地方。下面是具体做法。

练习27 旋转出一个新的梦中场景

1. 选取一个目标

在就寝前，选取一个你想要在清醒梦中"造访"的人物、时间和地点。目标人物和地点可以是真实的或想象的，可以是过去的、现在的或未来的。比如，"公元750年，雪域高原，莲花生大士"，或"现在，加利福尼亚州斯坦福，斯蒂芬·拉伯奇"，又或"公元2050年，我的家，我的孙女"。

2. 下定决心要造访你的目标

写下并记住你的说法，然后生动想象你造访了你的目标，并下定决心要在今晚的一个睡梦中也这样做。

3. 在清醒梦中通过旋转找到你的目标

有可能仅仅依靠意向，你就在一个非清醒梦中发现自己来到了目标所在。不过，一个找到目标的更可靠的方法是，先在睡梦中清醒过来，然后再去寻找你的目标。当你处在一个清醒梦当中，并且梦境开始消退，你感觉自己即将醒来时，赶快旋转身体，并重复默念你的目标说法，直到你发现自己重新身处一个生动的梦中场景——希望这就是你想要寻找的那个人物、时间和地点。

练习28 敲打电视机，改变电视频道

不妨将这想成与通过旋转和飞翔神奇转换场景的方法正好相反。不是移动你的梦中自我前往一个新的地点，它选择改变你的梦

> 中环境，以符合你的幻想。先从一个小的细节开始，然后逐渐增大改变范围。先慢慢改变场景，然后快速改变；先不明显地改变，然后公然地改变。将你所看到的一切想成是具有无限可塑性的"心智建模的黏土"。有些梦境探索者借鉴了艾伦·沃斯利的梦中电视的例子。当他们想要改变场景时，他们就想象梦境发生在一面巨大的、三维的电视屏幕上，而他们手握遥控器。

○ 尝试那些不可能的事情

> 我梦见自己在一场派对上，并且百无聊赖。我审视梦境，并意识到这是一个梦。于是我将自己投射到那些正在尽情享受派对的人身上，结果我也玩得很开心。一开始，我只是尝试做女人，但然后，我对自己说，这只是一个梦，何不变成男人，看看那是什么感觉呢？于是我就这么做了。
>
> （新墨西哥州阿尔伯克基的 B.S.）

在醒时生活中，我们习惯于受到限制。对于我们所做的几乎每一件事，都有种种规范，告诉你该怎么做、不该怎么做以及哪些是可以合理尝试的。而做清醒梦最常被提及的吸引人之处，就在于那种无与伦比的自由度。当人们意识到自己在做梦时，他们突然会感到，常常是自己有生以来第一次，一种**完全不受限制**的感觉。他们可以尝试或体验**任何事情**。

在睡梦中，你可以体验或享受在觉醒状态下不可能存在的感觉或幻想。你可以与一个幻想人物谈情说爱。但你也可以变成那个人物。做梦者可以不被他们所熟悉的躯体所局限。你可以欣赏一座美丽的花园。或者你也可以变成其中的一朵花。艾伦·沃斯利就实验过诸如将自己劈成两半以及将手穿过脑袋之类的离奇之事。[19] 许多梦境探索者也曾经穿墙而过、在水中呼吸、在空中飞翔，以及进行外太空旅行。忘掉你的常规行为规范，不妨尝试一下那些你只能在睡梦中做到的事情。

第七章 探索与历险

满足愿望

几年前,我正在试着减重。那时我会梦见自己身处一家杂货店、面包店或餐厅,身边到处是食物。我意识到自己在做梦,因而可以尽情享用我想吃的任何东西。我开始大吃特吃眼前的大餐,甚至可以尝出那些食物的味道。这些睡梦满足了我大快朵颐的渴望。醒来后,我会感到满足(不是饱足,而是满足)。如果我在白天时突然嘴馋,想吃某种我不应该吃的东西,我就心里想着:"今晚我会在睡梦中吃这个!"结果我也真的吃到了!

(加利福尼亚州科塔蒂的 C.C.)

我一直想要成为一名专业舞者,尤其想跳芭蕾舞。但我妈总是泼我冷水,因为学习芭蕾舞很辛苦。最终,我放弃了这个梦想,并没有去努力追逐它。然而,我从未放弃这种渴望,而在我的睡梦中,我会体验到舞蹈的乐趣,并会尝试那些我看到或听说的、除了在梦中就没有机会做的新舞步或动作。

(犹他州盐湖城的 B.Z.)

睡梦的满足愿望层面深深扎根于我们的日常语言当中：我们会说"梦中的白马王子"或"梦中的理想房子"，我们也会说"祝你美梦成真"。这些隐喻表明，我们从内心深处知道，梦境与醒时世界至少在一个重要意义上是不同的——在睡梦中，你可以实现最天马行空的幻想，满足最求之不得的愿望，并体验到完美和欢乐，哪怕这样的满足不可能见于醒时世界。

在睡梦中，灰姑娘可以跟她的王子在一起，身陷囹圄者可以想象甜蜜的自由；瘸腿的人可以行走，老人可以返老还童——每个人都可以得偿所愿，而不论他们的愿望在醒时生活中可能看上去多么不可能。这种满足愿望的经验与在醒时生活中愿望实际得到满足的经验不一样，但相应感受的强度和愉悦程度并不会因为自己知道这"只是一个梦"而减少分毫。正如心理学家哈夫洛克·埃利斯所说的："只要睡梦在继续，它就是真实的。人生又有什么不同吗？"[1]

当你开始形塑自己的梦境时，满足愿望是一种自然而然的选择。飞过美丽的乡间，与心上人疯狂做爱，享受饕餮大餐，从雪道疾驰而下，坐拥权势名利：任何想得出来的愉悦经验，你都可以在清醒梦中体验到。心理学家肯尼斯·凯尔泽的一个清醒梦就是一个生动例子：

……我已经做梦做了很长一段时间，现在我看见自己躺在一家看上去像老酒店的一张黄铜床上。我伸展四肢，开始飞翔。我的脚穿过床脚的护栏，不费吹灰之力就把床抬离了地面。很快，床和我一起在房间内飞行,同时我想找到一种办法来探索这座巨大酒店的每个房间。突然之间,我意识到自己在做梦。随着那种熟悉的激动感再次袭来,我感到无比快乐。……我开始唱歌:"美丽的做梦者,快快醒来,星光和露珠在等待着你。"我发自内心地喜爱这首歌,充满深情地唱着它。就在我唱歌时,我听见一个八音盒发出轻柔的叮当声。它播放的正是《美丽的做梦者》,其转调、节奏和韵律与我的声音完美同步。我感到能再次变清醒是一件多么美妙的事情,我也意识到《美丽的做梦者》是非常适合我的主题曲……

现在我看见许多瑰丽的色彩和不断闪烁的光亮。我看见成百上千的彩虹色水滴漂浮和环绕在白光周围,还有许多小小的、闪亮的艺术品散落在各处。看着这番令人赏心悦目的音乐、光线和色彩展示,我感到非常振奋。这是一场感官盛宴,一场迷幻的迷你灯光秀,但又比我之前见过的更为精致、更具美感、更令人振奋。[2]

如果你愿意,不妨尽情沉醉在这样的喜悦当中。这对你有好处。为了享受而享受有着多重益处。心理学家和医师都发现,每天一点快乐和享受有益于健康。教育工作者也发现,当任务具有趣味性时,学生就更容易学会和掌握。

罗伯特·奥恩斯坦和戴维·索贝尔最近出版了一本图书,题为《越快乐,越健康》,其中就讨论了快乐对于健康的多种好处。[3]他们声称,我们想要获得快乐并沉浸在给人愉悦的活动中的内在欲望会帮助我们活得更长、更健康。最健康的人似乎正是那些享受快乐、寻找快乐,并追求自己快乐的人。沉醉在令人愉悦的感官经验中据说可带来这样一些好处，包括降低血压、降低罹患心脏疾病和癌症的风险、增强免疫功能，以及降低对于疼痛的敏感度。有些人可能会抱怨说，他们没有时间去享受快乐。但只要你有时间在晚上睡觉，你就有时间在睡梦中愉悦自己。通过学习做清醒梦，你就为自己打开了一座无穷大游乐园的大门。那里面有你想象得出来的所有好玩游乐项目，并且没有门票，还不用排队！

如果你花上点时间在清醒梦中享受玩乐一番，你可以变得更精通于做清醒梦。而一旦你学会了随心所欲地做清醒梦，你就拥有了一种可以透过多种方式改善自己生活的手段。在接下来的几章中，我们将讨论如何运用做清醒梦来帮助你学习其他技能、克服恐惧、增强你的心智灵活性，以及找到终极满足。但掌握这种运用做清醒梦来实现"正经"任务的能力的最好方法可能是，运用清醒梦让自己度过一段美好时光。在做清醒梦对你来说已经变得轻松有趣后，你的睡梦就将成为你为醒时生活进行学习和排练的理想场所。

满足愿望可能是许多人对于清醒梦的终极运用，而他们的生活也将因此而变得更丰富。但这不一定是旅途的终点。你们中的许多人将想要走得更远，以便获得对于睡梦状态的更深入理解，并运用睡梦中的清醒状态来解决问题、治疗自己等。然而，在你已经充分满足自己想要变不可能为可能的冲动之前，你有可能发现自己在从事更崇高的追求时会被这样的更基础冲动所干扰。这也是为什么在你刚学会做清醒梦时，你不应该抗拒自己的享乐主义倾向和好奇心。

○ 梦中性爱

我取得性高潮的能力极易受到压力和焦虑的影响。近来，由于好几个月几乎连续不断的焦虑，我似乎丧失了取得性高潮的能力。我知道这跟自己对伴侣的感觉，或者他所做（或所未做）的事情无关。而伴随着这种无法达到性释放而来的沮丧感又更增添了我的压力。但后来，有天晚上，我做了下面这个梦：

我梦见我被卷入一部恐怖电影的情节中。其中涉及一座鬼屋或废弃修道院，它让我产生一股不祥预感，感觉有糟糕的事情会发生。当我走过这座我觉得闹鬼的房子时，突然之间，它变成了一家灯火通明的大型百货公司。我觉得这是一个高超的把戏，能使那些易受惊吓的人上当受骗。我进入百货公司，并四处溜达。一切看起来都很正常，但我还是害怕地四处寻找潜在的危险。

但后来，我突然想到，这是一个梦魇，因而我应该勇敢面对任何令人恐惧之事。这个想法彻底改变了我的视角，于是我开始以一种开放的、好奇的态度看待这个场景，寻找挑战以及任何有趣之事。我注意到有人在房间的一侧操作摄像机，而摄像机的显示屏位于房间的另一侧。我忽然有了让自己的图像出现在显示屏上，并通过观察显示屏来让自己正对摄像机的想法。这个想法开始变得与性有关，而我希望将自己的身体展示在显示屏上。一开始，不管我怎样弄，显示屏上只有我腰部以上的、穿着衣服的背影。但最终，我让显示屏显示了正确的位置，并开始脱去我的牛仔裤。我体验到一股迅速增强的性唤起，不到五秒钟，我就有了一次美妙的性高潮——这是我两个月来的第一次性高潮。我随即醒了过来，满心欢喜。

在做了这个梦的当晚，我轻松体验到了两个月来的第一次醒时性高潮。在接下来的几个星期里，尽管导致我焦虑的情境仍然存在，但只要我想要，我就能达到性高潮。

（加利福尼亚州圣克拉拉的 A.L.）

我是被关在一所联邦监狱里的一名受刑人。当初在我读到一篇关于做清醒梦的文章后，我就对它产生了浓厚兴趣，因为这是我也能做的事情。现在我已经在做梦时有过多次这样的经验，我也很喜欢它们。它们给了我一种手段来逃脱牢狱。

在这样一个睡梦中，我开始意识到，如果我想做，我就可以控制梦中环境，毕竟这是由我的无意识所创造的，因而受控于我的有意识意志。我想了一下自己要做些什么。我心头闪过的第一个念头是，我已经好多年没有碰过女人了，而这是我最想做的事情，因为尽管这只是一个梦，但梦中的一切都跟这里的一样，没有差别。

所以我坐在那里，看着两个狱卒，并告诉他们，这只不过是一个梦。我接着告诉他们，我已经蹲在牢里好一阵子了，我想跟一个女人做爱。他们什么话都没说，只是以诡异的眼神看着我。我接着重复了一遍我的欲望，并开始想象这件事。坐在桌子边的那个人告诉我，我应该去另一个房间。所以我起身来到门口，并在进门之前专注于我的这个欲望。

我然后走进那个房间。床上躺着一个之前在我梦中出现过的女人。我脱去衣服，跟她一起躺在床上。在整个性爱过程里，我专注于保持心智的有意识状态，因为之前的此类睡梦中，我会出现恐慌或由于太投入而离开梦境。

整个性爱过程的每时每刻，从头到尾，我始终保持觉察。完事后，我翻身回到我那半边的床铺。我的头一碰到枕头，我就感觉到一股漂浮感袭来，并意识到自己将进入一片黑暗当中，这是我之前在离开此类梦境、开始醒来时都要经历的。

（印第安纳州特雷霍特的 D.M.）

在这个清醒梦中，我骑着一匹骏马驰骋在法国乡间，跟我在一起的是我很想见却一直没有机会见到（并挂念在怀多年）的人——演员迈克尔·约克。时间将近傍晚，我们勒马停下，一起走路穿过田野。这是一片非常美丽、香味袭人的花田，我们两人都可以清楚地闻到花香。我们打了一场"花仗"，然后倒在最柔软的花床上。微风吹拂着我们，我们在那里做爱。我们然后共乘一匹马回到了庄园，另一匹马则听从我的言语指令跟了回来。

回到庄园后，迈克尔领着马儿去马厩，我则上楼来到一间很大的大理石浴室。那里有一个嵌入地面的浴缸，周围以白金装饰，上面还有彩色的玻璃天窗。当我踏入堆满泡泡的热水时，我想着迈克尔全身赤裸地走进浴室，而他真的就这么出现了。

我们泡了好久的澡，中间还一度在彼此的手臂里睡着，任凭水在我们周围流动。我们从浴室换到卧室，而当我想到红酒（1973

年份的玛歌红酒)、饼干和果酱时,这些东西就出现了。我们包裹着柔软的、白色的厚蚕丝布。就当我们带着红酒走到床边时,我醒了过来。

(纽约州长岛市的 J.B.)

正如你预期在一个完全自由的国度里会发生的,性爱是许多人的清醒梦的一个极常见主题。在心理学家帕特丽夏·加菲尔德,一位经验丰富的清醒梦做梦者以及知名的睡梦相关图书作者看来,"性高潮是做清醒梦的自然一部分;我自己的经验让我相信,有意识地做梦就**是**性高潮"。她报告说,她三分之二的清醒梦都有性内容,其中有约一半出现了性高潮,而其感受看上去跟醒时生活中的一样美好,甚至更美好。加菲尔德在《通往极乐之路》一书中将自己的清醒梦性高潮体验描述为"深入骨髓"之强烈;她发现自己"爆炸开来,深深震撼到肉与灵……并感到一种在醒时生活中偶尔才感到的自我完整性"。[4]

至于为什么做清醒梦的状态倾向于成为性活动的温床,这里既有心理因素,也有生理因素。就生理因素而言,我们在斯坦福大学的研究已经表明,清醒梦出现在高度活跃的 REM 睡眠期,因而与阴道血液流动加快或阴茎勃起联系在一起。这些生理因素,再加上清醒梦做梦者可以在睡梦中摆脱所有社会限制,共同促成了清醒梦性爱成为一种常见经验。

这些发现暗示着,做清醒梦可以成为性治疗师所用的一种新工具,并为那些苦于某些形式的心理性性功能障碍(比如,某些阳痿、早泄、难以达到性高潮等）的人带来希望。但就像许多基于清醒梦做梦者的新发现而提出的新方法，这种方法也尚未经过检验，仍有待进一步研究。尽管如此，很明显，正如前面第二个例子所表明的，做清醒梦可以为那些身陷囹圄、在孤立的地方工作或者醒时生活的活动受到身体障碍限制的人提供一种性宣泄途径。

梦中性爱的重要性可以在不同人看来天差地别。对有些人而言，这不过是一段美好时光；对其他人而言，这意味着人格的相对立部分得到了结合。它甚至可以成为哲学思辨的一个起点，比如塞缪尔·佩皮斯就在1665年8月15日的日记中这样记录了自己的梦境：

> ……我将我的卡斯尔梅恩夫人拥揽在怀，并被允许用我渴望的所有方法与她调情。然后我梦见这一切不会醒来，因为这是一个梦。我梦想着，既然我可以从中得到如此多快乐，要是当我们长眠在坟墓中时，我们也可以做梦，梦见像这样的美梦，那该是一件多么美好的事情啊！届时我们就不需要像在这个瘟疫肆虐的时代中那样如此恐惧死亡了。

探索并密切观察梦境现实

> 我身处一座花园中，并为自己能够飞翔而感到满心喜悦。我花了很多时间做各种空中动作，我体验到的这种自由感无法用言语

形容。接着我降落到地面去欣赏这座花园,并意识到这里只有我一个人。正是在意识到这一点的时候,我觉察到自己其实在做梦。我着迷于自己的身体在这个梦境中显得如此真实,并惊喜于"捏捏自己,看看是否在做梦"的举动。我确实感受到了跟在醒时一样真实的感觉!我开始严肃思考这一点,并坐在花园边的一块石头上陷入思考。我所想到的是:"一个人在睡梦中所能达到的觉察程度与他在醒时生活中所能达到的成正比。"

我惊讶于自己能够在睡梦中得出这样一个复杂且具体的思考,并开始从一个之前似乎不可能做到的视角检视自己的醒时生活。我进一步惊讶于自己能够在睡梦中做这样的事情,并开始对于整个状况有了些许理解。我决定起身观察周遭环境。我注意到花园是一个舞台背景。所有花朵都用发光颜料、以精致的细节画在独立站立的平面上。身为一名艺术家,我为这当中所蕴藏的绘画技术所深深吸引。然后我经由一个糊着红色壁纸的通道在这个"后台"到处游走。由于仍然知道自己在一个梦中,我为自己在这里所观察到的丰富细节,以及触碰壁纸所感受到的触感所深深吸引。通道的尽头是一个书柜,我惊喜于自己能够阅读书名、感受其真皮封面的触感,并观看其中插画的细节。

(加利福尼亚州伍德兰希尔斯的 D.G.)

我正在当地一条平坦的双车道公路上开车,然后突然之间,原本的大白天变得一片漆黑,我差点撞上前面一辆慢速行驶的牵引车。我跟着它继续行驶,来到一条越来越陡峭的山道。然后,当我往右看时，我看到另一辆牵引车的黑色轮廓，它正停在道路右边的路肩上。随着我更往前方看，我看到路边的山崖上横向嵌着另一辆牵引车。随着我的视线离开牵引车，再次看向前方，我的汽车突然直往前面冲，而我以一个让人喘不过气的速度冲进了宇宙。我知道自己在做梦，因为我可以听到老公在旁边睡觉的呼吸声，我也知道自己躺在床上。我兴奋地喊道："好呀！好呀！"我可以看到周围的一切。在前方和右侧，我看到我们的星球沐浴在阳光下；在左侧和左上方是另一个明亮的旋转球体。在这个球体的中间是一些有着最为美丽、明亮的彩色玻璃色彩的脉动能量，它们就像彩带一样铺开，而我与它们融为一体。从这些铺开的彩带当中出现音乐音符，我可以看见它们，却听不见它们。然后又出现没有特定顺序的字母表字母。再然后是数字，同样没有特定顺序。最后出现的是各种符号：圆形、三角形，还有许多我从未见过的。"这是所有的宇宙智慧"，这是我透过感应获得的讯息。随着我开始沿着圆弧绕到球体背面，我觉得自己要死了，大概是因为心脏病发作或脑中风（尽管我没有感觉到丝毫痛苦），然后我回到了自己的身体。

在那里，我没有感到自己是一名妻子、母亲、祖母、退休法务秘书等（尽管我就是如此）。在那里，我是一个人，但我并不是孤独的，而像是一个整体的一部分。那里是温暖的、静止的、明亮的，看上去在跟我小声说着什么。我在那里感受到了我在这里从来没有感受到的那种活着的感觉，尽管我在这里一直是一名非常活跃的女性。我后悔自己没有勇敢地"绕到背后"。

（纽约州梅尔罗斯的 A.F.）

探索清醒梦可以带给我们许多喜悦和收获。清醒梦的世界极其迷人，并且在不断改变；在许多有着摄人心魄的超凡之美的场景中，一些不可能的出人意料之事经常发生。它们至少跟一位醒时世界的旅行者可能想要造访的任何地方一样有趣，给人收获，值得探索。事实上，清醒梦的世界还有多个优点：前往那里不需要花钱，只需要付出一点努力，并且不像巴黎、中国或塔希提岛，你将永远不会看尽那里的景致。此外，你也不会遇到晕船、被困机场或背包被偷的状况。

清醒梦旅行绝对安全，并且对大多数人而言，几乎总是令人愉快的。我们并不是说，清醒梦的做梦者不会偶尔遇到一些让人感到吃力、导致焦虑的情境，但即便在他们经历非常真实的不安经验时（比如，被恶魔、持斧的杀人狂，或其他来自本我的怪兽所追逐），他们实际上正安全地躺在床上睡觉。不论他们在清醒梦中做了什么，他们很快会发现自己平安地回到了物理世界。比如，如果你没有成功地避开一处梦中危险，你可能会在大汗淋漓中惊醒，但你绝不会伤到分毫。而更好的是，如果你能够运用在睡梦中的清醒状态来帮助你面对和克服恐惧，你将在醒来时感到成功和自信。

"旅行使人开阔心胸"，因为它使人们离开他们平常习惯了的有限世界，而要面对全新的、具有挑战性的情境。做清醒梦就给你提供了许多开阔心胸的机会。以一种开放的心态去勇敢探索梦境，这必定会增强你对于自己及他人的认识。诚如歌德所言，"如果你想要认识自己，就观察他人的行为；如果你想要认识他人，就反观自己的内心"。⁵通过做清醒梦，你可以学到许多。如果你在观察时足够敏锐和仔细，你可能会在探索自己梦境的过程中发现巨大的宝藏——你甚至可能找到你自己。

　　仔细探索和检视梦境的另一个好处是，它可以帮助你更好地熟悉自己的睡梦。如此一来，你将更容易辨认出那些可以帮助你更经常地在睡梦中清醒过来的梦征。这些经验将教会你如何避开对于觉醒与做梦之间差异的种种误解。清醒梦的初学者常常未能辨认出自己在做梦，因为他们信以为真，认为梦中场景是"真实的"。确实，如果不仔细观察，它们可以看上去跟日常现实一般不二。下面这个例子就说明了这种倾向如何导致一个人在面对一个再明显不过的梦征时还是未能从睡梦中清醒过来：

> 　　我发现自己跟父亲一道开车前往肯尼迪机场。这时我开始好奇，在我们把它停在机场，并飞往旧金山后，车后来会怎样。然后我意识到自己根本不记得这辆车一开始是怎样到纽约的。哪里出了问题！我看向我的父亲，结果他一脸好笑地对我扬着嘴角。没错，他似乎也在告诉我，哪里出了问题，只是你小子还没有发现而已。所以我看向高速公路的其他车子。它们看起来都绝对真实，里面还坐着前往不知哪里的陌生人。它们的车身坑坑洼洼，车尾挂着车牌。我车里的内饰也各安其位，一切正常。在我醒来后，我意识到父亲已经过世十年，并感到非常愚蠢，自己竟然在面对这样一个显而易见的梦征时未能变清醒，只是因为梦境看上去如此真实。我下定决心要在以后避免再犯这个错误！第二天晚上，当我在一个睡梦

中见到一位已经过世的朋友时，不管我遇见他的场合看上去有多真实，我意识到自己必定在做梦。

（加利福尼亚州米尔瓦利的 H.R.）

通过在清醒状态下观察梦境可以看上去如此真实，你将不太会错以为"眼见为实"，或者逼真的东西就是真实的。相反，你将通过熟悉那些将两者区分开来的特征而学会正确区分这两个世界——在梦境中，所有事物都比在醒时世界中时更加易变，物理定律更常被打破，而死者或想象人物行走在生者之间。

历险：从沃尔特·米蒂到英雄之旅

第一次我清楚记得的梦境控制，是在我五六岁时发生的。我曾经常常梦见自己搭着一枚我用垃圾桶做的火箭绕地球飞行。火箭的底部是玻璃，所以我可以在飞行过程中随时鸟瞰世界。等到该降落时（我的火箭并没有降落设施），我会在下降时告诉自己："该醒来了。"然后我就会从梦中醒来。尽管有时我会极其接近地面，但我从来不害怕可能的撞击，因为我知道自己在做梦，随时都可以叫醒自己。有大约六个月时间，我反复做这个梦，并得到了很多快乐。

（爱达荷州拉斯德拉姆的 K.M.）

> 今天我读到一篇介绍你的做清醒梦研究的文章，这是怎样一个美好的发现啊！长久以来，我在许多夜晚里伸展我的想象之翼，在睡梦中展开了种种奇妙的历险。我跟熊、狗、浣熊和猫头鹰说过话；我跟海豚和鲸鱼一起游过泳，并在水下呼吸，就仿佛我长着鳃。
>
> （加利福尼亚州奇科的 L.G.）

> 我是一名天文学家，并对自己的细致观察能力引以为豪；我希望为增进我们对于睡梦状态的理解尽些绵薄之力。我曾经阻止地球免于核战争，阻止银河系免于核心爆炸，阻止宇宙免于最终的"热寂"。我曾经寄身于一众不同的身体和人格，从遥远的过去直到高科技的未来。我的一个较为有趣的清醒梦，以梦中时间来算，延续了五年；在其中，我生活在遥远的未来，寄身于一个与我现在的身体非常不同的身体。在这个"寄身"生活中，我也会入睡。有趣的是，在这个生活中，我没有做过清醒梦，但每次我从"寄身"睡眠中醒来时，我会立刻觉察到自己在做清醒梦，而每次我都会选择继续留在梦中。这是一个遥远的未来，那时月球已经破碎，形成了色彩丰富的行星环；在凉爽的黄昏，我会跟我的妻子和小女儿一起观赏它们。
>
> （得克萨斯州埃尔帕索的 S.C.）

从童话到小说，从幻想到白日梦（以及夜间的睡梦），人类的想象力是各种历险的一个不竭源泉。伟大的讲故事者终究很少，但我们每个人似乎都拥有一种深层能力来欣赏故事，并发明个人的历险来满足自己对于刺激的渴求。詹姆斯·瑟伯的经典故事《沃尔特·米蒂的秘密生活》就给出了扶手椅冒险家的一个美国原型。

沃尔特·米蒂在现实生活中是一个懦弱的无名之辈，但在他的幻想世界中，他却是一个英雄。不论我们在醒时生活中是否是一个懦弱之人，我们都可以在自己的睡梦中成为英雄。许多人写信告诉我他们的清醒梦经验，提到他们从孩提时代起就开始在睡梦中意识到自己在做梦，并利用这个机会去展开冒险，想象自己成为骑士、公主或宇宙探险者。在这个意义上，做清醒梦可以被作为一种满足愿望的工具，帮助那些心怀冒险之心的人，或者那些只想浅尝一下冒险滋味的人。

有些来信者还提到，他们已经享受定期的梦境历险几十年——就像有些人会将阅读游记、科幻小说或西部故事作为自己的毕生爱好。我们能够间接享受虚构角色的冒险历程，而这种能力给我们提供了原材料，让我们得以建构自己的历险。你可以扮演艾凡赫或玛塔·哈里，然后自己开始体验在书中读到过或在银幕上看到过的场景。然而，不像图书或电影，你的清醒梦历险可以绵延不尽，每一晚或每一个 REM 睡眠期都将成为其中的一个新章节。

练习 29 如何为你自己的历险编剧

> 我一直将自己的睡梦看成一个不断展开的故事,而我自己是其中的主角。在日常生活、电视或电影中发生的事情,都会被融入我的"故事",成为其中的场景。有时候,它可以是一个我曾经见过的人。大多数时候,我的梦境是由我渴望在现实生活中发生的情境所构成的。
>
> (纽约布鲁克林的 D.W.)

为数不少的梦境探索者曾经报告说,他们会有意识地自编、自导和自演自己出品的清醒梦大戏。一位女性就来信说,她甚至在清醒梦结束时播放了演职员表,让她醒来后不禁对自己的笑话哈哈大笑。在为你自己的历险编剧时,你可以先从一个简单的情节着手。可以自由借鉴莎士比亚、童话或漫画(超人是在清醒梦中经常被采用的一个人格面具)。对可能出现的各种改动持开放态度。当某种新的、不见于原始剧本的走向出现时,不妨跟着它走下去,看看它通往哪里。而如果你开始对体验已知场景感到厌倦,不妨在觉醒时大致写出一个简单的情节,在入睡前专注于它,然后看看自己能否在变清醒后把它"制作"成一部电影。

下面是你在开始时可以选择尝试的一些历险的题目。选取一个吸引你的:

- 边疆开拓者
- 圣杯追寻者
- 灵境追寻者(Vision quest)
- 航天员
- 时间旅行者

英雄之梦

幻想和历险可以运作在心智的多个层次上。在最低的层次上，它满足了我们对于刺激和愿望满足的需求。然而，它们也可以帮助我们专注于自己的目标，创造出自己的未来，以及在最高的层次上，追寻真理和人生的意义。如果你对讲故事行为的心理和神话层面感兴趣，并希望让自己的清醒梦场景运作在一个更高层次上，我们建议你阅读神话学家约瑟夫·坎贝尔的《千面英雄》一书。[6]

坎贝尔在该书开头指出，不论其起源如何，所有神话的英雄历险，看上去都遵循一个标准模式。他的理论认为，神话所反映的是这样一些符号，它们并不依赖于特定文化，而是根植于人类心理。通过上演经典神话，清醒梦的做梦者可以在他们自己心智的微型宇宙中再现这些神话所代表的人类开化和发展的历程。坎贝尔的英雄之旅模式可以帮助你为自己的梦中历险编剧。

英雄的神话历险的标准路径，其实是放大了通过仪式所代表的公式：**启程——启蒙——回归**。"一位英雄从日常世界进入一个具有超自然奇观的区域；他在那里遭遇各种神奇的力量，并取得一个决定性的胜利；英雄结束这段神奇历险，带着新获得的力量造福他的同胞。"[7]

坎贝尔声称，不论你走到哪里，你都会找到相同的故事，尽管其中的角色和场景可能变换了名字。乔治·卢卡斯就曾经承认，《星球大战》三部曲就受到坎贝尔著作的强烈影响。不妨让我们检视一下卢克·天行者的历险是如何参考上述公式的，这或许可以帮助你更好地理解如何设计你自己的故事。

在三部曲的一开始，卢克只是一个普通男孩，并不知道自己将成为各方势力的焦点。他当时并没有意识到欧比旺·肯诺比（智慧老人角色）的出现标志着自己人生的一个转折点——"启程"部分中，一个被坎贝尔称为"历险的召唤"的阶段。由于叔叔和婶婶被害，自己与过去所熟悉世界的纽带被斩断，卢克开始踏上一段历程。在这个过程中，他取得了一个战胜自我的胜利——成功掌控自己体内的"原力"，而这使他得以挫败达斯·维达（一个全身被黑色面具和披风所罩的、荣格笔下的"阴影人物"）的邪恶计划，从而拯救了世界。

你可以选择从熟悉的领域开始你自己的梦中英雄之旅。或许你将选择不再沉溺于你通常的清醒梦消遣中，转而开始寻觅新的体验。你的任务可能涉及解救他人、发现一个传说之地（比如香巴拉、奥兹国），或者找回一件魔法物品（比如一枚魔法指环）。

在坎贝尔的图式中，"启程"部分接下去会历经"拒绝召唤"（害怕离开已知的领域）、"超自然的帮助"（遇上智慧老人或仙女教母）、"跨过第一道门坎"（离开熟悉之地）和"鲸鱼之肚"（再也无法回头）等阶段。等到这时，普通生活已经被远远抛在身后。"启蒙"部分则从"考验之路"阶段开始；在其中，英雄将遭遇恶龙和坏蛋、灾难和邪恶势力、恐惧和滔天危险，并一一克服它们。"启蒙"部分的最后一个阶段是"最后的恩赐"——目标达成。少女获救。指环被寻回。锡人找到了心。但在神话中，跟在清醒梦中一样，完成目标并不是故事的终结。最终也最具英雄色彩的部分是，英雄返回日常生活，而他所带回的某种东西不仅丰富了他自己的生活，也帮助了整个社区。他可能娶了公主，并成为这片土地的仁慈统治者。

练习 30 你就是英雄

想出一个吸引你的英雄故事。你可以采用一个经典神话或故事的情节，或者你可以基于前面描述的模式构想出你自己的。如果你想在展开自己的历程之前做些模拟练习，你可以沉浸在《星球大战》、《一千零一夜》或瓦格纳的《尼伯龙根的指环》等故事中。检视这些角色和情节在英雄之旅的不同阶段的发展。你不需要构想出精致的情节或设计出对话，只需注意到在这些英雄的历程中，那些契合这个模型的可能场景。用简单几句话把它们写下来。在你入睡前阅读剧本。在下一次在睡梦中变清醒时，记起你的剧本；离开你所熟悉的，开放接受各种导引，然后开始你的历险。

附注

坎贝尔提出，在最深层的层次上，任何在寻求人生终极意义的人，必定会将这样的历程变成一段心理和心灵之旅，而这些历程的结构经常会自发地在睡梦中体现出来。因此，你可能会发现，你的梦境故事会对自己产生深远影响。在第十二章，我们会再次回到这个运用做清醒梦找寻你真正的自己的思想。

第八章 为生活做排练

做清醒梦与最佳竞技状态

在我的第一个十公里长跑的前夜，我感到很担心。这是我第一次参加此类赛事，并且赛道是山路，而我从来没有跑过山路；我的训练一直是在室内进行的。那晚，我梦到自己运用只是在书上读到过的技术来跑山路。我记得当时我知道自己在做梦，并且我对自己说，这正好给了我一个机会来学习如何跑山路。这还真的有用。在实际比赛时，我在睡梦中练习的技术在现实中也派上了同样的用场。

（弗吉尼亚州亚历山德里亚的 B.E.）

在约 12 岁时，妈妈送我和妹妹去上暑期网球课。当为期四周的课程即将结束时，会举办一场锦标赛，冠军可得到奖品。那晚，我在睡梦中意识到自己在做梦，并且我决定要赢得网球比赛。我练习了从电视上的网球比赛中见过的技术，试着记住他们击球和发球的方式。等到睡梦结束时，我的挥拍已经非常顺畅，而发球发得尤其好。后来在锦标赛中，我击败了所有人，夺得了冠军。教练无法相信我能打得这么好,连我自己也难以置信。

(犹他州盐湖城的 B.Z.)

查尔斯·加菲尔德和哈尔·本内特让"最佳竞技状态"的说法广为人知,这个说法指的是在比赛中,选手的身心得到最佳结合,从而发挥出最好的竞技水平的那些时刻。而有关如何进入最佳竞技状态的研究表明,清醒梦可能被证明是一个理想的训练场所,并且这不仅适用于体育运动,也适用于其他需要练习技能的领域。

作为最佳竞技状态研究所的创办人,加菲尔德采访了数百位成功的运动员,了解这些他们表现得极其优异的时刻。他辨认出了一些心理状态,它们似乎是大多数运动员处在个人最佳状态时的特征。他发现,处于最佳竞技状态的运动员是放松的、自信的、乐观的、专注于当下的、高度充满活力的、对周围环境极其敏锐的、处于掌控的,以及完全了解自身能力和技能的。[1]这些运动员不仅在身体上,也在心理上准备好发挥出最佳水平。

对于最佳竞技状态的兴趣已经从运动心理学扩展至商界。商界人士已经发现,心理练习不仅可以提升在运动场上的表现,也可以提升在职场上的绩效。瑜伽、呼吸法,以及冥想已经不仅被用于灵性修行,也被成功应用于物质追求。而通过使用受控的心理想象和心理排练可以更大程度地改进表现。[2]

做清醒梦则是一类威力非常强大的心理想象。醒时的心理意象是一些弱化的感官印象,它们与实际经验相似,却一般来说无法做到那样生动。比如，想象在你身前有一个苹果。如果你跟大多数人一样，那么你可以在某种意义上"看见"那个苹果，知道它的形状、颜色，以及在桌上的位置。你可以想象出将它拿起来闻时它的香气如何，或者咬上一口时它的味道又如何。不过，你终究不太可能误以为它是一个真实的苹果——如果你在一个真实的苹果旁边想象出一个假想的苹果，你会知道哪一个是自己真正能吃的。然而，梦境是一些可以让人信以为真的心理意象。在睡梦中，你可能吃掉一个梦中苹果，并绝对确信自己真的在吃一个苹果。如果你在睡梦中清醒过来，你就能够意识到，尽管它看上去像真的，梦中苹果并不是真实的——它不会让你填饱肚子。然而，这样的认识并不会削弱这种经验的生动之感。

梦境是大多数人有可能体验到的最生动的一类心理意象。而对于一个技能的心理排练感觉越真实，它对醒时表现可能产生的效应就越大。因此，做清醒梦（在其中，我们可以有意识地运用梦中意象）有可能是一个比醒时心理想象更有用的学习和练习技能的手段。

心理练习

在睡梦中，我跟一帮人在一个冰球场里。我们在打冰球，而我滑得跟往常一样，还算不错，但总感觉没放开。在那一刻，我意识到自己在做梦，所以我告诉自己不妨让更高层级的知识来取代我的意识。我把自己交给了那种完全放开的滑冰的感觉。转瞬之间，不再有恐惧，不再畏首畏尾，我像一名职业选手那样滑冰，感觉就像一只小鸟般自由。

下次去溜冰时，我决定做个实验，试试这种把自己交出去的方法。我将上次梦中经验的感觉带到了我的醒时生活中。我记起在睡梦中的感觉，然后就像一名演员饰演一个角色，我再次"成为"那个完全放开的滑冰者。我踩动冰刀，脚随心动。我在冰上感到完全自由。这件事发生在两年半前。我在此后的滑冰时都能感到自由自在，而这种现象也出现在我的轮滑和滑雪中。

（弗吉尼亚州阿灵顿的 T.R.）

尽管运用心理排练来改善运动技能的想法当初是一个激进的假说，但该领域的研究如今已经发展成为一个成果丰硕的跨学科研究。相关研究表明，单是想着执行它们，就可以学习和掌握新技能到一定程度。[3] 而当结合采用心理练习和身体练习时，学习效果可以得到进一步提高。

仅是想象做某事如何能够帮助你取得实际进步呢？首先，还记得斯坦福大学的那个实验吗？当人们梦见执行某个动作，比如唱歌或进行性活动时，他们的身体和脑会像他们真的在做那些事般做出回应，只不过他们的肌肉因为 REM 睡眠过程而暂时瘫痪。很明显，从脑到身体的神经冲动仍然非常活跃，并且与在醒时做这些活动时的神经冲动，即便不是完全相同，也是非常相似的。

类似地，研究心理意象的研究者也已经发现，"生动想象出来的事件在我们的肌肉中所产生的神经支配,与实际执行这些事件所产生的神经支配非常相像"。[4] 比如,理查德·苏因就监测了一位滑降选手在脑中回放一场比赛时,其腿部的电活动。[5] 他发现,选手肌肉活性得到增强的序列对应于赛道的走向;当选手想象在拐弯和过坡时,肌肉活性便得到了增强。心理排练之所以对改善运动技能有效,可能是因为它们强化了相关的神经通路,从而更容易引发这些技能所需的肌肉运动模式。

然而,在梦到的行为与想象的行为之间存在一个重要差异。当我们处在觉醒状态时,由想象做一个动作所产生的神经冲动必须设法加以抑制,以免我们将想象的动作做出来。不然的话,试想每次你幻想做某事时会发生什么。比如,在炎炎夏日,你半坐在桌子上,心里想着要是现在能一把跳进湖水里该多么爽快。要是你的幻想行为所产生的神经信号与你真的打算跳入湖水时所产生的一样强烈,你就有可能从桌子上一把跳下去,然后把脖子摔断。而当我们处在睡梦状态时,我们的肌肉会由于REM睡眠过程而主动得到抑制,神经冲动会经过一条与平时命令肌肉执行时不同的神经通路。在睡梦中,神经信号可以跟我们在觉醒时的信号一样强烈。对于在REM睡眠期,存在由脑发送给肌肉的、强度未打折的神经信号的证据,来自对于猫的研究。法国研究者米歇尔·茹韦阻断了导致猫在REM睡眠期肌肉瘫痪的过程。结果他发现,处在REM睡眠的猫仍然手舞足蹈,就仿佛它们要把睡梦中的动作做出来。[6]

因此,对于增强运动技能而言,做清醒梦可能比醒时的心理想象效果更好。这不仅是因为意象的生动程度，也是因为 REM 睡眠的生理效应使得它可以帮助建立神经通路而不用实际做出动作。通过心理想象或做清醒梦，运动员甚至可以练习那些他们的身体还没有实际掌握的动作，从而为这些动作建立起神经和心智模型；这样一来，一旦肌肉做好了准备，心智的动作模型就可以派上用场了。

心理练习有用性的另一个基础是"认知编码"的概念。更复杂的技能，除了要求建立与单个动作相关的神经通路，还要求对动作的序列建立一张心智地图。这被称为**符号学习**。[7] 符号学习理论提出，心理想象可以帮助你将动作的序列编码。比如，一名游泳者可能通过想象"手划水，抬头呼吸，脚踩水；手划水，抬头呼吸，脚踩水……"而将蛙泳动作的最优化序列编码。通过借助想象，你可以在心智中确立相关的符号，而不用实际执行这些动作——当你花费大量精力在正确执行动作上时，你可能就无力顾及分析其结构了。做清醒梦可以很容易就被用于这个目的，同样是因为梦中经验的生动性。

在清醒梦中改善身体技能

十岁时，我很高兴地成了一匹真正的设德兰矮种马的马主人，做了有约一年。有一项小工作我一直做不好，那就是固定好马鞍的肚带。（这相当于学习如何打领带。）一天晚上，我意识到自己在做梦，并梦见自己试图掌握这个技能。在睡梦中，我研究了相关构造，并"观察"了该如何做。第二天，我走进马房，直接走到马鞍前，按照我在昨天晚上学会的方式固定好了肚带。非常完美。

（俄勒冈州波特兰的 K.A.）

作为一名运动心理学家，保罗·托莱也在将做清醒梦应用于运动技能的训练上做了许多先驱性工作。[8] 对于清醒梦的做梦者可以如何运用自己的睡梦来改善运动技能，他给出了多个建议。

他指出，"对于你已经粗略掌握的运动技能，运用清醒梦可以将它们进一步优化"。如果你多少知道如何挥拍、跨越栏架或抛三个球，那么清醒梦练习可以帮助你将它做得更好。

此外，托莱还提出，新的运动技能也可以通过做清醒梦来学会。他就引用了一名滑雪者的经验为例：

> 喷射转弯（jet turn）因在做动作时重心后倾严重而总是让我感到害怕，我总是摔倒，弄得满身瘀青。在学会做清醒梦之后的那个夏天，我开始梦到在雪丘之间滑雪。我常常利用雪丘让自己飞起来，但在某个时刻，我也开始在上雪丘前让身子后倾，从而让自己的重量从滑雪板上提起，以便让我的脚踝改变方向。这样做很好玩，而过了几周后，我意识到，我在清醒梦中所做的动作对应于喷射转弯的"喷射"（jetting）动作。当我在接下来冬天的一次滑雪假期中接受一次课程时，我用了一周时间就掌握了喷射转弯技术。我现在相信，这绝对与我在夏夜进行的梦中练习有关。[9]

在另一个例子中,托莱引用了一名习武者的经历。这个人练习偏向硬功的空手道多年,现在发现自己难以适应偏向软功的合气道:

> 一天晚上,由于自己仍然无法成功做到借力打力、以柔克刚,我在上床睡觉前感到有点沮丧。在入睡时,白天的情形一遍又一遍地在我脑海中上演。在防御过程中,以退为进的策略与我内心渴望直接格挡的冲动相冲突,使得我一再傻站在那里,不知所措……对于一个黑带持有者来说,这是一个让人无地自容的情形。在当晚的一个睡梦中,我再次因为硬碰硬而倒下。之前我已经下定决心,要在这种情形下问自己那个批判性问题:"我是醒着的,还是在做梦?"就这样,我立即清醒了过来。未作多想,我前往道场,开始与我的梦中对手自主练习防御技术。一次又一次地,我以一种放松、不刻意的方式进行着练习。每次做得越来越好。
>
> 下一个晚上,我充满期待地上床睡觉。我再次进入清醒梦状态,并展开了进一步的练习。这样持续了一周时间,直到正式的训练再次开始。我完全放松,并以一种几乎完美的防御让师傅大吃一惊。而即便我们加快了对练的节奏,我也没有犯下什么严重错误。从那以后,我长进迅速,并在一年后取得了我的授学资格。[10]

在托莱看来,一旦我们学会了一种方法或技能,我们就可以利用做清醒梦来在实际施展前勤加练习。此外,他还提出,运动员,尤其是那些从事有风险的运动的运动员,不只应该在清醒梦中练习最优化的动作，还应该培养自己在面对不寻常或有压力状况时的心智灵活性。我们将在第十一章更细致讨论心智灵活性的好处。

托莱还进一步提出假说，认为做清醒梦可以通过改善运动员的心理状态而影响其竞技状态："通过改变人格结构，做清醒梦可以改善运动表现，并激发一种更高水平的创造性。"[11] 而在托莱看来，这其中的关键改变是，从一种"自我中心的个人视角"转向一种"情境导向的个人视角"，因为他认为前者将导致一种知觉的扭曲，后者则会更灵活，更容易做出响应。在遇上一个没注意到的雪丘时，满脑子想着击败对手的滑雪者，相较于那些学会放松、专注于场地，并对意外情况能够做出灵活反应的滑雪者，更有可能失去平衡。托莱最后指出，这种从自我中心到情境导向的视角转向，不仅适用于体育，也适用于生活的其他领域。

练习 31 在清醒梦中进行练习

1. 在就寝前设定你的意向

在白天以及在上床前的晚间，想象你想要在清醒梦中练习的技能。或者在白天实际练习这个技能，并记下你需要通过进一步练习解决的问题。想象自己在完全做对时是什么感觉。如果可以的话，观摩其他专家或大师的示范。在练习、想象或观摩的过程中，提醒自己，你想要在今晚的一个清醒梦中练习它。

2. 诱导一个清醒梦

使用你喜欢的清醒梦诱导术（参见第三章和第四章）进入一个清醒梦。当实施这些诱导方法的过程中，想象自己变清醒，并看到自己在练习原本打算练习的运动或技能。你也可以使用清醒梦孵梦的方法（练习26）来诱导一个清醒梦。

3. 设置练习环境

在你进入清醒梦状态后，首先确定你已经准备好，可以进行练习。如果你需要改变环境，放手去做——前往健身房或运动场，或者在自己周围创造出一个。不过，要知道，你并不一定需要前往一个特定地方进行练习，哪怕你在觉醒时通常是这样做的。你不仅可以在舞蹈室里跳舞，也可以在屋顶上起舞。

4. 开始练习，力求完美

开始练习！每一次都力求完美。回想大师的示范，并努力复制自己在做它时的感觉。清醒梦中的练习非常适合用于了解进行某个动作时的感觉，并将它们拼凑在一起，从而顺畅地把它们做下来。

5. 不断开拓潜力

在清醒梦中，你可以超越自己已知的能力范围。当你感到自己已经做到在自己看来完美的程度时，尝试更高级的技能，或甚至自己以前从未尝试过的事情。要知道，你不会因为过度劳累或出现失误而受到伤害，毕竟你的肌肉实际上一动未动。你可能在睡梦中获得对于一项新技能的些许感受，而这将帮助你在觉醒时更快地学会它。

为生活做排练

我在会议室召集了一个会议,与会者都是一些大人物和我的同事。我主持会议,同时也观察大家。我的全知全能并没有使整个场景受到干扰。作为一名观察者,我可以看到每个人的表情,注意到不同人之间的人际互动,并读取每个人的想法。我确保自己不去干涉他们的自由意志,我想知道的是他们对于会议主持者(还是我)所说的有什么反应。作为一名观察者,我可以让时间暂停,然后将镜头推进到某个人身上,并读取他的想法。作为一名观察者,我可以从所有人的记忆中抹除主持者的一个报告或一些话,然后从一个新的选项重新开始。

这个过程可以无限进行下去。我通常用它来排练自己将在明天或几天后参加的一个会议。我也用它来预测别人可能会提出的问题(这样我就可以事先准备),或者哪些地方的逻辑需要加强。

(纽约州西谢齐的 M.C.)

在十多岁时,我会让自己梦见我将在第二天上学或其他社交活动时如何行事。我在参加网球锦标赛的前一晚梦见自己夺得了冠军。我也在进行院校面试的前一晚梦见自己通过了多所院校的面试。从护理学院毕业后,我会梦见自己将如何处理心跳停止或其他非常有压力的职业新问题。我可以让自己梦见任何我需要在实际做之前加以"练习"的事情。

(佛罗里达州杰克逊维尔的 C.A.)

在我睡觉前,我正在思考要以什么方式将我的实习经验分享给我的同学。我开始做梦,并意识到自己在做梦,于是我把一堆东西用小车推进教室,把它们摆好,并做了一个精彩的汇报。我可以在前方看见我的报告大纲、幻灯片、海报——我所需的一切,应有尽有。醒来后,我应该如何组织和呈现材料已经变得非常清楚了,我照做了,而最终效果也非常棒。

(新泽西州怀尔德伍德克雷斯特的 M.K.)

这些例子表明,做清醒梦可被用来为生活中的任何事情做排练。就像在体育运动中一样,我们可以事先设定一些动作和行为模式,使得当相关场景实际出现时,我们可以更顺畅地行事。我们可以排练受到特别期待的事情,比如一场面试、一次舞蹈表演、与一位重要商业伙伴的一次会议、一场外科手术,或者与爱人的一次严肃讨论。

在下一节中,我们将讨论清醒梦中练习的另一个应用,即提升你施展技能的能力。

缓解施展技能时的焦虑

下面这个梦帮助我克服了一种非理性的恐惧。在梦的一开始,我走在车道上,走向一栋白色的大房子。有几十个人拿着蜡烛走了进去。我没有蜡烛,所以担心自己无法进去。当我来到门前时,我不得不努力挤进去。大厅里有几百个人。当我站在队伍里时，我发现了一把吉他。尽管我会弹吉他，但我害怕没人会喜欢我的音乐。在我内心深处，我知道自己在做梦，因而可以尽情做我想做的。

由于我一直很想在一个派对上演奏，所以我走上前，拿起了吉他。我讶异于自己居然可以演奏得如此之好，我也很享受自己的即兴演出。周围有许多人跟我说，他们很喜欢我的音乐。我感到如释重负。然后我走进人群，开始跟他们交朋友。

（加利福尼亚州萨克拉门托的 J.W.）

有时光是学会一种技能还是不够的。常常你还必须学会在大庭广众面前将它施展出来。站在一群人面前，大多数人都会至少感到有点紧张。许多人甚至会一想到要在人前讲话，或者进行体育或艺术表演就浑身几乎不能动弹。我们收到过相当多的来信，它们都表明，通过在睡梦中进行排练，人们就可以克服这个障碍。下面这个练习将帮助你做到这一点。

练习32 面向梦中观众表现自己

1. 在就寝前设定你的意向

在白天时，想象你想要在清醒梦中所做的事情。如果可以，练习你的表演、音乐、舞蹈、击球等。在你这样做时，提醒自己，你想要在今晚的一个清醒梦中向观众表演它。如果你没有机会练习，想象你的表演，并看到你自己在今晚的一个清醒梦中表演了它。

2. 诱导清醒梦，并前往你的演出场地
使用你喜欢的清醒梦诱导术（参见第三章和第四章）进入一个清醒梦。在你清醒过来后，前往你所畏惧的表演发生的地方，比如音乐厅、运动场或会议室。或者使用清醒梦孵梦的方法（练习26），创造出一个与你的表演有关的梦境。如果你无法在梦境中前往这些地方，试着让你自己就在目前所在之处进行表演。

3. 让自己习惯面对观众
观察一下你的观众。如果他们看起来不友好，要记起来，这是源自你的演出焦虑所引发的失败预期。向观众微笑，并欢迎他们。如果你真诚地这样做，他们几乎必定会变得友好，并欣赏你的所作所为。不管怎样，你都不需要畏惧他们的批评，或者他们后来对你的看法——毕竟醒来后，他们就都不见了。但在你的清醒梦中，他们可以帮助你发挥出最佳表现。

4. 开始表演
演出你的戏码，发表你的演说，演奏你的曲目，或者其他种种。尽情享受这个过程！

附注
如果你做了上述练习，却仍然难以面对观众，不妨试试下面这个变体。单独站在演出场地里。专注于那种放松的、无压力的感觉。然后想象台下坐着一个不会让你感到不安的理想观众——一个自己信任的朋友，或者可能就是你自己。让后排坐满其他不会让你感到不安的人。当场地里坐着由你自己创造出的一群让人安心的观众时，拿起你的大提琴或网球拍，开始尽情表演吧！

增强在梦境和醒时生活中的自信

我现在正在我的精神科医师的帮助下努力变得更加勇于表达。在我的清醒梦中,我总是跟一群人在一个房间里,而他们每个人似乎都可以做出或说出自己心中所想的。我通常坐在后面,不怎么说话,心里也感到非常糟糕。突然间,我意识到自己在做梦,所以我决定在睡梦中改变自己的行为,勇敢地说出自己的想法。这有点令人害怕,因为我从未这样做过,但与此同时,这也让我感到畅快,感到脑子更清晰。从这些梦中醒来后,我对自己感到尤其满意。这让我感受到了积极地而非被动地作为是什么感觉。你可以看到这些睡梦对我的治疗很有帮助。

(北卡罗来纳州夏洛特的 K.G.)

我的顿悟来自于一个睡梦,这个梦让我得以直面自己的不安全感和缺乏自信。在我的一位朋友过世后,我中断了博士课程,并认为自己做不成什么有用的事情。在睡梦中,我那位过世的友人跟我一起到了另一个世界学习飞翔。那个世界里的一切东西都在飞——动物、男人、女人。那里的景观非常美丽、宁静、祥和。我的朋友告诉我,我也可以飞起来,而我说我办不到,这是"他的世界",我还没死,所以不能飞。于是他说道:"没关系的,你只是需要找到解决办法。"然后他飞走了。我转身找到一个小摊贩,用25美分租了一对翅膀。我戴上翅膀,跳下悬崖,快乐地飞翔起来,直到我突然意识到,一对廉价租来的翅膀不可能带得动我。一想到这,我就开始朝地面坠落,并放声尖叫。在恐慌之中,我的心中抓住了一根救命稻草:"但刚才我还在用这对翅膀飞翔呢!"这样想着,我又轻松地飞到了空中。

这个信与不信、坠落与飞翔的冲突又发生了两次,直到我意识到这是一个梦,正是我相信自己能飞的信念让我得以飞起来——并不是因为任何人工设备或其他外部支持的缘故。也正是在那一刻,我意识到,这对醒时生活来说也是一样的。这种梦中经验顿时转变成一种我的直觉,即只要相信自己,我就能做到一切。

在接下来的那个星期,我参加了一个工作面试。面试时,我看得出来,那个人觉得我不适合这份工作。就在我打算放弃时,我想到了自己在梦中学到的那一课。我开始说了一些积极的东西,像是我的聪明机智、刻苦耐劳等。我被录用了,成了一名咨询师,而不无反讽的是,这是在一个我之前一无所知的领域。我的老板后来告诉我,她之所以录用我,是因为我看起来如此积极、自信,她知道我可以很快上手。

(加利福尼亚州旧金山的 A.T.)

我们倾向于尝试那些自己认为做得到的事情,而它们通常要少于我们实际做得到的。做清醒梦就给我们提供了一种方式来扩展我们对于自身潜力的认知:我们可以在做梦时安全地测试新的行为,而由此积累的自信将使得我们可以在醒时生活中更容易地做出同样的行为。

斯坦福大学知名心理学家阿尔伯特·班杜拉,提出过一个他所谓的**社会学习理论**，试图借助我们的行为、我们的经验以及我们的思维之间的相互作用来解释人类的高级功能。[12] 班杜拉模型的一些层面对清醒梦的做梦者来说非常有用，因为它们提供了一个清晰框架，解释了为什么梦中行为可以对做梦者的人格产生实际影响。在班杜拉看来，人们通过观察自己行为的结果，以及间接地观察他人的行为来学习自己该如何作为。观察到的行为接着在心智中形成模型，然后当这些模型看上去可被应用于新的情境时，它们就会被召唤出来。

正如我们已经看到的，我们对于醒时世界中的事物是如何运作的观察，被投射到了梦境中。然而，在清醒梦中，由于我们知道自己并非身处醒时世界，所以我们可以有意识地自由创造出新的模型。我们可以测试各类新的行为的结果，而不论它们是由自己做出的，还是由其他梦中人物做出的。如果我们觉得这些新的行为效果不错，我们就可以将它们添加到自己的行为可选项当中。

比如，如果你通常是一个内向、害羞的人，那么在清醒梦中，你可以练习以开放、勇于表达的态度对待其他梦中人物。如果你喜欢这样做的结果，你就会发现自己在觉醒时更容易做出同样的行为。即便你的梦中实验的结果不全然是正面的，这样的练习很有可能也会帮助你在醒时生活中更敢于尝试新的态度和方法。你将了解到，即便一段经验可能当时让你感觉不好，你仍然可以处理好它，而其结果可能最终会对你人生的整体状况有所助益。

创造出积极的未来

作为清醒梦可以如何帮助我们规划自己的醒时生活的另一个线索，试考虑班杜拉的下面这番话："对于想要的未来事件的意象，有可能孕育出促成其实现的行为。"[13] 当我们想象想要将未来带向何方，或者希望自己的人生变得如何时，我们就是在准备自己，以实现那样的未来。创造出一个看到自己变得快乐或成功的生动的心理意象，这样的行为本身就强化了我们想要通过行动将这个意象变成现实的意向。这是市场上不计其数的、教导你"想象自己变得富有"或"想象自己变瘦"的自助类图书和录像带的基础。

而作为一系列极其生动的心理意象，清醒梦正是构想你对于未来成功的意象的理想场所。如果你想要减重，你可以梦见自己秾纤合度，然后感受瘦下来的那种感觉，以此增强自己想要在醒时生活中也达到那个状态的动机。也许你想要戒烟，那么在清醒梦中，你可以梦见自己在 80 岁高龄时仍然身体健康，身手矫健，登山如履平地。这个未来在你继续抽烟时是不太可能出现的，所以如果你喜欢梦中的晚年生活，你就会受到鼓励，想要戒掉烟瘾。

你在清醒梦中想象出来的快乐未来，不仅可以影响到你一人一时的成功和快乐。或许地球上越多的人创造出世界和平、共同繁荣的意象，我们就越有可能度过当下的全球危机，并不断成长，实现人类的最大潜能。

伊德里斯·沙阿在自己的《梦中商队》一书的前言中提到了

一个与此相近的概念:

在《一千零一夜》最精彩的一个故事中,补鞋匠马尔鲁夫发现自己做了一个白日梦,梦见自己坐拥一支富可敌国的商队。

在一个陌生国度里,马鲁夫既穷困又孤独。他一开始在心中想象(后来又描述)出一批不可思议珍贵的货物自行来到自己面前。

这样的幻想并没有让他受到嘲笑,反而成为他最终成功的基础。

想象中的商队逐渐成形、成真,并最终来到他的面前。

愿你的梦中商队也能找到道路,来到你的面前。[14]

第九章 创造性解决问题

创造性睡梦

我在商场的一家家居用品店担任部门经理。在生活用品部门，我们需要进行大量布置调整——移动货架，调整商品摆放位置等。当店面经理、陈列经理和我商量决定需要对店面做出某种调整时，我就回家，上床睡觉，并梦见自己一个人在商店中。我试着做出一个布置调整。我移动货架（这在梦中总是轻而易举的，只需我指尖一动）。我知道自己处在一个梦中，而我想要找出那些始终不好陈列的麻烦商品，并在梦中为它找到一个合适的地方。我总是记得这些睡梦。实际上，这成了同事们常开的一个玩笑，因为它们常常发生。

（新泽西州洛代的 J.Z.）

我忙了一天捣鼓自己的汽车，试图修好某个复杂的部件，但到了午夜，我还是没有成功。于是我放弃了，上床睡觉。我有意让自己梦到这个问题，并且由于知道它是一个梦，我在其中尝试了解决问题的不同方法。我找到了一个可行的方法，而当我在第二天尝试它时，它确实奏效了！在我看来，专注于一个问题让我"一叶障目"，但睡梦状态提供了无穷无尽的可能维度。

（华盛顿州西雅图的 J.R.）

1986 年秋，在我选修化学课的时候，我开始在睡觉时解题。这些题目大多数是涉及两种化合物以及四到六种元素的分子方程式。我会发现自己在做梦，并开始解题，将题目表示成离子方程式。如果你做过这类题目，你就会知道这有多难。每次在我快要解出题目时，场景就会开始消退，而我不得不重新变清醒。我通过晃动脑袋或旋转身体做到了这一点。在稳定梦境后，我不得不重新写出方程式，并重做一遍，只是这次要更快一些。醒来后，我会把答案写下来，并检查是否正确。我的梦中答案有 95% 是正确的。以这种方式解题的一大好处在于，我通常会在醒来时获得对于解题过程的更好理解。我曾经在一周内做过大约五个这类梦境。

（佛罗里达州劳德希尔的 K.D.）

古往今来，睡梦一直被视为一个灵感的源泉，影响遍及几乎每一个人类活动领域——文学、科学、工程学、绘画、音乐、体育运动等。

在文学中，受到睡梦指引的知名例子包括罗伯特·路易斯·史蒂文森，他将自己的许多作品归功于睡梦，包括《化身博士》；还有塞缪尔·泰勒·柯勒律治以及他在服用鸦片后的睡梦中所做的《忽必烈汗》。在科学中，弗里德里希·凯库勒受到梦境启发，发现了苯环结构；还有奥托·勒维，他受睡梦启发的实验证明了神经冲动是通过化学信使传递的。在工程学领域，也有多个在睡梦中梦见新发明的例子，包括伊莱亚斯·豪的缝纫机。像威廉·布莱克和保罗·克利等画家将他们的有些作品归功于睡梦。而像莫扎特、贝多芬、瓦格纳、塔尔蒂尼和圣桑等作曲家也将睡梦视为一个灵感来源。在体育运动中，最为人所知的例子之一是高尔夫球大师杰克·尼克劳斯，他声称自己在一个睡梦中所做出的一个发现让自己的成绩提高了十杆——在一夜之间！这些以及本章开头所引用的例子应该已经清楚表明，睡梦有着怎样的创造性潜力。[1]

既然睡梦是如此肥美的灵感沃土，那么为什么在西方世界还没有出现一所教人做梦的学校呢？答案可能在于这样一个事实，即睡梦是不可预测的。尽管一个重大突破可能出现在一个睡梦中，但很少有艺术家或思想家可以决定说，"今晚我就将在睡梦中找到解决问题的办法"。孵梦是利用睡梦的创造性潜力的方法之一。从古埃及时代起，人们就通过孵梦试图诱导出与自己想要解决的问题有关的睡梦。不过，一种更为有效的方法可能是，在清醒梦中找寻问题的答案。人们可以尝试孵出一个与问题有关的清醒梦，或者一旦在睡梦中清醒过来后，有意识地将自己引向想要解决的问题。这样艺术家就不用苦等缪斯降临，而可以主动造访她了。

前面的例子展示了非常广阔的应用前景，从修车到绘画，再到数学，不一而足。我们相信你可以从其他人的经验中了解到如何运用清醒梦的创造性潜力来解决问题、激发灵感。一旦有朝一日,研究者们得以更透彻地理解睡梦中的创造性,他们应该会给出更细致的指导,以帮助你运用睡眠时间来解决问题、变得更具创造性。但现在,下面是一些基本思路。

创造性过程

我在念高中时意识到自己可以做清醒梦,当时我发现,我可以在睡觉前学习复杂的数学和几何问题,然后一觉醒来,自己就可以解决这些问题。

这个现象一直伴随我到大学和医学院。在念医学院时,我开始将我的梦中解题能力应用在医学问题上。我在睡梦中快速梳理当天遇到的问题,并通常在这个过程中发现有用的解答或有用的衍生问题。(即便到现在,我偶尔会在凌晨三点醒来,并打电话到医院,要求对一名病患做一项特殊的实验室检测,那是我在清醒梦中梦见的一个可能解决方案。)

目前,我主要将这项技能应用在练习外科手术上。每晚,我在睡前回顾自己的一些手术案例,然后在睡梦中练习这些手术。这让我在实际做手术时能够做到技术熟练、动作快速,并且几乎没有导致任何严重并发症。这样的手术"练习"让我得以反复温习解剖结构,并锤炼我的手术手法,移除不必要的动作。现在我能以只花大多数同事所需35%到40%的时间完成大多数主要的复杂操作。

(南卡罗来纳州艾肯的 R.V.)

由于我和我的丈夫即将在五月份结束大学学业，现在我们可以考虑组建自己的家庭。近来，我一直在思考宝宝名字的问题。在我最近所做的这个清醒梦中，我跟我的丈夫罗伯特讨论我所喜欢的名字。（当然，他赞同我的选择，因为我想要他这样做。）我甚至梦见自己借来一个宝宝，来试用不同的名字。我带着宝宝来到双方父母家里，并反复上演相同的场景："爸爸，妈妈，这是克里丝"，"爸爸，妈妈，这是贾斯汀"，如此等等。我反复尝试，并观察双方父母对名字的反应。最终，我选定了一个男孩名字和一个女孩名字。但当我在做了另一个梦后醒来时，我怎么也记不起在之前睡梦中我所中意的那两个名字。我苦思终日，但就是想不起来。到了晚上，我开始做另一个清醒梦，并在中途突然记起来原来那个"命名梦"中，我曾经告诉一位女性友人那两个名字。于是我在梦中打电话问她，她也回答了我。我立刻让自己醒来，并反复大声念着名字。现在我记起来那两个名字了。

（堪萨斯州海斯的 L.H.）

不同的人对于创造性有着不同的理解。有些人可能会觉得这个词令人望而生畏，因为我们常常被告知，创造性是一种罕见的天赋，只有艺术家才真正知道该如何运用它。然而，创造性其实只是意味着运用想象力来生成某种新的东西，而不论它是一件艺术品，还是一份家庭作业。我们情不自禁会表现出创造性。创造性的实质是，结合旧的思想或概念而生成一个新的模样。因此，我们所说的每一句话，只要它不是直接应用，就是具有创造性的。

一样事物或一个行为具有何种程度的创造性，取决于运用其构成元素的独特性。高度的创造性之所以不容易做到，是因为一般而言，我们不知道该如何进入这样一种心智状态，使得我们可以很容易就在不同思想之间做出新的、独特的、有用的联结。因此，有关创造性的研究的关键是，找出一个可以随心所欲地进入这样一种状态的手段。而睡梦可以成为一个绝佳的创造性源泉。了解一下有关创造性过程的现有知识将帮助你理解我们这样说的原因。

就像清醒有着不同的程度，创造性也有不同程度之分。跟解决问题的能力一样，创造性是一种人类普遍具有的能力。正如之前已经解释过的，这种能力并不局限于美术，或任何正式学科；它可被用于任何可以做得有创新、有想象力、有灵活性、有自发性的事情上。

每个人都会在这个或那个时刻具有创造性，有些人则会在大量时间里具有创造性。正如心理治疗师卡尔·罗杰斯所说的："小孩子与玩伴创造出一个新的游戏，爱因斯坦形成一个关于相对性的理论，家庭主妇构思出一种新的搭配肉类的酱汁，年轻作家写出他的第一部小说——所有这些行为，就我们的定义而言，都是具有创造性的。"[2]

研究创造性的人都赞同，创造性表达是一个过程。灵感常常看上去不知从何处突然凭空出现。然而，有证据表明，这样的"突然"顿悟只是一个逐渐来到觉察阈值之上的过程的一部分。通过分析他自己的发现过程，19世纪的德国大科学家赫尔曼·冯·亥姆霍兹首次描述了创造性过程的不同阶段：饱满、酝酿和顿悟。

在饱满阶段，问题解决者首先搜集信息，然后努力尝试不同方法，但终究没有取得完全成功。预备工作可能包括阅读、与专家讨论、观察、记录、拍照或测量。问题解决者接着开始思考问题——专心思考，在心智中建模，检讨研究过程。正是在这个时刻，技师会盯着一部发动机，画家会盯着一幅空白的画布，作家会盯着一张空白的稿纸（或计算机屏幕）。在这一阶段的最后，问题解决者会喃喃自语道："好吧，我已经研究过问题。我已经思考过它。我也已经检视过它。那么答案是什么呢？"

下一阶段是什么都不做。当问题解决者放弃主动的尝试，将问题交给无意识心智时，酝酿阶段就开始了。历史上的许多创造性做梦者会决定在这个时候小睡一下。有些问题解决者则会在开车或长距离散步时酝酿自己的答案。如果他们之前研究得足够深入，分析对了问题的角度，并且如果他们营造出了适当的心理条件，可供一个创造性解答涌现出来，酝酿阶段接下来就会催生出顿悟："尤里卡！"——答案突然从天而降。这就所谓灵机一动、灵光一闪的时刻。

在睡梦中获得顿悟并在醒来后得到验证的一个很好例子，来自诺贝尔奖获得者奥托·勒维。根据这位生理学家自己的说法，他在刚开始工作的时候，对于神经冲动的本质有过一个直觉，但他在此后十七年里一直将这个想法抛诸脑后，因为他始终想不出可以用什么实验来检验这个假说。将近二十年后，他做了一个梦，从中得到一个方法，并据此成功验证了他的理论。下面是勒维自己的说法：

> 我从梦中醒来，打开灯，在一张小纸片上潦草写下一些笔记。接着我又睡了过去。我在早上六点时才意识到，自己在晚上曾经写下过某些重要的东西，但我无法解读那些潦草的字迹。接下来的晚上，在凌晨三点，那个思想再次出现。这是一个实验设计，旨在检验我在十七年前所想到的化学传递假说是否正确。我立刻起身，赶到实验室，并根据梦中设计在一只青蛙的心脏上做了一个简单实验。[3]

勒维最终由于发现神经冲动的化学传递而获得了诺贝尔奖。

心智状态与创造性

上述对于创造性过程的讨论，其中提到了顿悟的出现需要思考者营造出适当的心理条件，这自然引出了这些条件可能为何的问题。一些研究者已经在这个问题上进行了初步探索；他们是基于这样一个概念，即不同类型的知识看上去需要通过不同类型的意识状态才能获得。

来自门宁格基金会的生物反馈研究者埃尔默·格林和阿莉西·格林夫妇，对于创造性与意识状态在生理上的相关关系进行了研究。通过测量处在创造性解决问题的不同阶段的人的生理过程，他们能够在顿悟阶段与至少一个在生理上可区分的意识状态之间建立起强相关关系。

他们写道：

> 通往所有这些内在过程的门径或关键……是一种特定的意识状态，我们将它不加区分地称为"幻想"(reverie)。这种幻想状态可通过 θ 脑波训练获得，这时有意识过程与无意识过程之间的间隔被自主地缩窄，甚至在有些时候，还被暂时地消除。当这种自主管理的幻想状态得到确立时，身体看上去就可以随心所欲地加以控制，执行给定的指令，情绪状态可以客观地加以检视、接受或拒绝，或补充以其他被认为更有用的状态，而在通常意识状态下不可解的问题也可以得到优雅解决。[4]

格林夫妇所提到的意识状态不是做清醒梦，而是一种入睡前幻觉的状态。尽管如此，他们的结论放到清醒梦状态上似乎更为贴切，毕竟在这种状态下，有意识心智与无意识心智是直接面对面的。

卡尔·罗杰斯也考察过创造性与心理状态之间的关系。在《个人形成论》一书中，他提出，三个心理特征对于创造性尤其有帮助。[5] 第一个特征，对于经验的开放态度，正好与心理上的戒备态度，或者对于概念、信念、知觉和假说的顽固不化相反。它意味着包容含混，并能够处理相互冲突的信息而不觉得非要相信或不相信它们。正如你已经看到的，在睡梦中清醒过来的这一行为，要求你能够足够灵活地处理睡梦所呈现的那些相互冲突、含混不清且常常光怪陆离的信息，从而得出那个非同寻常的结论，即你在睡梦中的经验都是虚幻的。因此，只要你成功做到过在睡梦中清醒过来，这个特征你就已经具备了。

第二个特征是拥有一套内在的评判标准。这意味着，创造性个体所创造的东西的价值，不是由其他人的褒贬，而是由个体自己所决定的。这一点在清醒梦中是再真确不过了，因为创造和评判这一切的正是做梦者。

罗杰斯认为对创造性有帮助的最后一个特征是，能够折腾各种元素和概念，自发地摆弄各种思想、色彩、字词和关系——将意想不到的元素并置在一起，提出最为大胆的理论，探索那些不合逻辑之处。由于做梦者在他们的睡梦中可以做到任何事情，所以清醒梦可以成为理想的实验工作室。此外，正如我们将在本章最后一节讨论到的，这个工作室里可用的工具可能远比我们在醒时世界中所熟悉的那些更为多功能。

内隐知识

我们相信做清醒梦可以极大帮助到创造性过程的顿悟阶段，而对此的最重要支持是所谓的"内隐"知识概念。那些你知道自己知道，并且能够将它们明白说出来的事情（比如，你的地址或如何系你的鞋带），被称为"外显"知识。另一方面，内隐知识则包括你知道自己知道却无法加以解释的事情（比如，如何走路或说话），以及你其实知道却以为自己不知道的事情（比如，你一年级老师的眼睛颜色）。后一种知道可以在这样一些识别测试中体现出来，在其中，人们认为自己只是在随便猜测，但事实上，他们做得比瞎猜更好。

在这两种知识中，我们目前知道，内隐知识要宽泛得多：我们知道的其实比我们意识到的多。而在睡梦中，我们可以比在觉醒时更多地接触到自己的内隐知识。如果你回想自己做过的梦，你很有可能会发现在某个梦中，一个与你仅有一面之缘的人被还原得面目清晰，比你在觉醒时所能做的更为细节生动。对于这种现象的解释是，我们在睡梦中接触到了内隐知识。在睡梦中，我们有意识地接触到了我们无意识心智的内容物。因此，不像在觉醒时，在我们的睡梦中，我们不会受限于只能使用自己所积累的丰富经验中的、在正常情况下可以有意识接触到的那一小部分。

然而，要是没有在睡梦中变清醒，看上去我们就没有办法决定创造性睡梦何时可能发生，或甚至是否可能发生。而通过做清醒梦，我们可能就能够将睡梦状态所蕴含的非凡创造性置于自己的有意识控制之下。试考虑下面这个例子，其中一位梦境探索者设法找到了具体某个内隐知识，而它表现为一本书的形式。在这个例子中，做梦者并没有在这本梦到的书中找到具体答案，而是醒来后在相应的实体书中找到了。因此，这里所找到的知识是，这本书中藏着解决问题的一个线索——这正是你其实知道但没有意识到自己知道的一个很好例子。

我最近在一次数学竞赛中取得了第二名。当我拿到题目时（总共有五题），我花了大半天时间来考虑不同的解法。当天晚上，我做了一个清醒梦，梦见自己在翻阅所拥有的一本数学参考书。我想我没有梦到阅读书中的具体内容，而只是做了翻书的动作。我主观感到这个梦只持续了几秒钟。早上醒来后，我当时没有机会翻阅那本书。到了晚上，等到我有机会这样做时，我发现了解决其中一道题目所需的技巧。

（田纳西州克拉克斯维尔的 T.D.）

心智建模

如果我们关于睡梦中的创造性的假说是正确的，也就是说，清醒梦允许做梦者有意识地接触到更广泛范围内的知识，并且睡梦自身有助于创造性的发挥，那么接下来的问题就是，清醒梦的做梦者如何能够利用这种潜力呢？作为提示，我们不妨再看一下本章开头所引用的几个清醒梦例子。商店的部门经理梦到一个梦中商店，其中满是各种需要陈列的货品。解决修车问题的人把问题的各个要素带入梦境，并在梦中摆弄它们，直到一个解决方案浮现出来。化学课的学生则只是简单在睡梦中继续解题，就像他在觉醒时会做的那样。

下面这封来信是另一种类型的心智建模的一个例子，其中清醒梦的做梦者能够为一个高度抽象的概念建模（需要注意的是，这位做梦者之前已经经过了饱满和酝酿阶段）：

> 一年多点前，我修了一门线性代数课程，首次接触到向量空间的概念。当时我在理解这个概念（而不只是一点皮毛）上遇到了很大困难。在经过大约一周的努力学习后，我做了一个清醒梦，梦到一个抽象的向量空间。我直接感知到了一个四维空间。这个梦不包含视觉意象，但这样的抽象梦境对我来说并不陌生。对于这个梦，我所能描述的是，我感知到了四条相互垂直的坐标轴。自那晚以后，不论是数学，还是做梦，都让我感到更为有趣，而在理解向量分析上，我也相对来说没有再遇到什么困难。

（田纳西州克拉克斯维尔的 T.D.）

一名计算机程序员则在清醒梦中运用自己心智的逻辑过程来为计算机程序的功能建模：

> 我要为一门课程编写一些程序。在将它们在计算机上写出来之前，我在一个清醒梦中测试了我的编程思路。我发现自己的许多想法要么不管用，要么就是需要添加东西。这让我省下了许多在课外写程序的时间。我实际上是在把它们在计算机上写出来之前就在自己的头脑中运行了一遍。

（堪萨斯州海斯的 L.H.）

运用清醒梦为遇到的问题建构心智模型，是下一节的练习的基础。

心智建模方法对艺术家也很有用。艺术家兼睡梦研究人员法里芭·博格萨兰就运用做清醒梦来发掘自己将来作品的主题。每次在睡梦中走进一家梦中画廊，她就会清醒过来。在她的梦中画廊中，有时她会发现一件艺术品，她想要把它带回醒时世界。这时她会仔细观察那件作品的材料、肌理和色彩。为了确保醒后会记起这个清醒梦，并且能够把它复制出来，她会盯着那件艺术品看，直到自己醒来（参见第六章）。1987年，她做了一个清醒梦，并由此受到启发去学习流沙笺的制作工艺：

> 我正在一个画室里授课。其中一名学生召唤我过去看他的作品。在我走过去时，我意识到自己在做梦。我站立不动，环顾四周。现场的艺术材料在我看来非常陌生。我看到两个水槽，其中的水面上漂着不同的颜色。在水槽的旁边，我看到装着各种颜色的许多小罐子。我更靠近地观看那件作品——近得都碰到纸了。这时我意识到这必定是所谓的流沙笺……
>
> 我立即记录下梦境，并将睡梦中学生创作的流沙笺图案画成一幅草图。我对这项工艺的好奇心促使我开始寻找一位老师，希望学习这种美丽的艺术创作方式。……此后，流沙笺就成了我的自我表达的载体。[6]

我们在日常生活中最常遇到的问题之一是做决策。而正如下面这个例子所说的，做清醒梦可以帮助我们做出一个合理的决策：

我最近一直在纠结于是否要购买一处新的、双倍宽度的活动房屋，以及我是否应该保留旧的房屋，并将它租出去。我考虑和犹豫了几个月之久。然后，在一个周日晚上，我上床睡觉。我睡着了，但我又是醒着的（这听上去有点古怪，直到我后来读到了你的文章）。我面前是一张巨大的桌子，有点像办公桌，上面还有纸。尽管我没有看到人，但有人在我背后回答我的问题……在我的睡梦中，这个问题的方方面面整齐有序地摆在我的面前，我的决定的好处和坏处都得到了检视。我提出问题，然后我得到答案。我在上床一小时后醒来，并知道这个问题该怎么解决了。我不仅确定自己该做什么（买新房，并卖掉旧房），也对这个决定感到如此满意。这就好像我跟某位非常有权威，并且了解我的需求、我的不安全感和我的能力的人进行了一番深入商讨。

（阿肯色州伦敦的 K.A.）

生成创造性清醒梦

前面的讨论已经提到了两种有意识运用睡梦的创造性的主要方法：其一是在睡梦中清醒过来后开始寻找想要解决的问题的答案；其二则是孵出一个有关你的问题的睡梦，并记得在孵梦过程中加入一个提醒，提醒自己要在睡梦中清醒过来。

尽管对于创造性睡梦，清醒状态不是绝对必需的，但在睡梦中保持清醒可以提供许多重要的优势。一旦你学会了如何经常做清醒梦，你就可以在你想要的时候做出一个创造性睡梦——在你的清醒梦中满足你想要找到一个答案或进行创造的愿望。当然，古老的孵梦方法可能帮助你在非清醒梦中找到答案，但即便这时，清醒状态也可以提供帮助。

如果你通过孵梦诱导出一个有关特定主题的清醒梦，那么你的清醒状态将使得你知道自己在做梦，从而得以自由且有意识地行事。你可以孵出一个梦，梦到自己拜访一位相关领域的专家，或者造访一处你考虑移居的地方。或者对于另一种类型的问题，你可以孵出一个梦，并在其中尝试以一种新的待人方式对待你生活中的某人。在睡梦中保持清醒使得你可以记起自己为何在此：为了求教爱因斯坦一个物理学问题；为了考察一下旧金山，看看自己是否想要定居于此；为了在图书馆中找到想要写作的故事；或者为了试着以温暖和支持的，而非过分严厉的态度对待自己的孩子。如果不清醒，你可能就会忘记自己的来意。

清醒状态提高创造性睡梦效果的另一种方式是，它确保你意识到自己在做梦，并意识到需要竭尽所能让自己在醒来后还能记起这个梦。在非清醒梦中，即便是那些可能具有重大价值的，始终都存在一种醒后你就记不起来的风险。法里芭·博格萨兰之所以能够运用"有意识的专注"方法，使得自己完全醒来，并在脑中清楚记得梦中意象，正是因为她知道自己在做梦。下面这个练习中就有一个步骤，要求你在答案或灵感依然鲜明的时候记起要从这些创造性清醒梦中醒来。

练习 33 在清醒梦中解决问题

1. 重新表述你的问题

上床前,选取一个你想要解决或获得灵感突破的问题。将你的问题重新表述成一个问句的形式。比如,"我应该选择哪个投资?",或"我的短篇小说的主题是什么?",又或者"我如何能够遇到有趣的人?"。一旦你选取了一个表述问题的问句,把它写下来并记住。

2. 孵化一个有关你的问题的清醒梦

使用清醒梦孵梦的方法(练习26),尝试诱导出一个有关你的问题的清醒梦。

3. 使用清醒梦生成答案

一旦进入一个清醒梦,问出这个问句,并努力寻找答案。即便你在一个与你的问题无关的睡梦中清醒过来,你仍然可以在里面寻找答案。你可以前往或生成你所需的人物或地点,或者就地寻找答案。向其他梦中人物提问可能也会有帮助,尤其如果他们代表的是你认为可能知道答案的一些人。比如,如果你想要解决一个物理学问题,爱因斯坦可能就是你在梦中请教的一个好对象。为了造访一位专家,试着使用旋转法(练习24)。或者单纯带着你的问题探索梦境,同时留意任何可能有用的线索。毕竟你无意识知道的事情要比你所想象的多,而你的问题的答案可能就在其中。

4. 一旦得到一个答案,记起要醒来并回忆起这个梦

当你在睡梦中得到了一个令人满意的答案时,使用第六章(或你自己)的一种方法唤醒你自己。立即至少写下包含答案的那部分梦境。即便你认为这个清醒梦没有回答你的问题,一旦它开始消退,也让自己醒来,并记下梦境。你可能在反思之后发现,你想找的答案其实隐藏在睡梦中,只是你当时没有发现它。

建立一个清醒梦工作室

> 我经常这样做。我需要编写一个计算机程序。在晚上,我会梦见自己坐在一间起居室里(一间旧式起居室,像福尔摩斯可能用过的那种)。同坐的还有满头白发的爱因斯坦——他本人。他和我是好朋友。我们讨论到这个程序,并开始在一块黑板上画些流程图。一旦我们认为已经找到了一个不错的,我们就相视一笑。爱因斯坦说:"好吧,接下来的大家就都知道了。"他于是退席去睡觉了。我则坐在他的躺椅里,在一个笔记本上随手写着某种代码。然后代码完成了。我边看着它,边对自己说:"我想要在醒来后记起这个流程图。"我聚精会神于黑板和笔记本。然后我醒来了。通常这时是凌晨三点半左右。我摸索着打开手电筒(它就放在我的枕头下面),拿起铅笔和笔记本(它们则在床边),并开始飞快地写着。我把这带到公司,而通常它99%是准确的。
>
> (纽约州西谢齐的 M.C.)

我们有可能建立起这样一个心智模型,它不是有关某个具体问题,而是关于解决各类问题或获得灵感突破的一个工作室。我们已经见过表明这种方法的潜力的证据,包括修车技师所暗示的清醒梦车库,计算机程序员所使用的、配备爱因斯坦和黑板的起居室,以及那些做梦者自己创造出针对性的工具和情境的创造性清醒梦。

还记得那个精灵趁着鞋匠睡觉时帮他做工的童话吗?至少有

一位知名作家，罗伯特·路易斯·史蒂文森，就创造出了他自己的梦中工作室，并从他称为"棕精灵"的助手那里获得了多部广受欢迎的作品的灵感。对于自己的梦中帮手，史蒂文森曾经这样说过：

> 我越想这件事，我就越想向世界提出我的问题：这些小人是何方神圣？毫无疑问，它们与做梦者关系密切；它们理解他的财务忧虑，可以窥见他的银行存折；它们有着与他相同的训练；它们学会了像他那样构思一个相当篇幅的故事的梗概，并编排情绪的渐进发展，只是我认为它们更有天赋。还有一件事情也毋庸置疑，那就是它们一部分一部分地告诉他一个故事，就像杂志连载，并且从头到尾把他蒙在鼓里，让他不知道接下来剧情会如何发展。那么它们到底是谁？做梦者又是谁？ [7]

史蒂文森没有说得很清楚，他的棕精灵是否是清醒梦中的人物。从他的报告来看，它们可能是出现在清醒的入睡前幻觉阶段的心理意象。作家所用的方法是，身体躺在床上，并让前臂垂直于床垫。他发现自己可以很容易就神游到熟悉的幻想工作室，而如果他陷入了更深的睡眠，他的前臂就会倒在床垫上，将他唤醒。史蒂文森将自己著名的《化身博士》的情节就归功于这些棕精灵。

练习 34　建立一个清醒梦工作室

下面是建立一个你自己的清醒梦工作室的一些思路。你将需要用到一个给人灵感的环境、一些富有天赋的帮手以及一些强有力的工具。首先创造出这样的环境。如果你感到自己需要富丽堂皇的装饰，你可以创造出它们。如果你追求的是蜗居在阁楼上的潦倒艺术家的氛围，那也悉听尊便。如果你是一名计算机程序员，你可以让自己坐在顶配的"梦想计算机"面前。你可以创造出位于一颗无人星球上的"孤独堡垒"，或者你也可以让好友相伴身旁。让你房间的门窗通往其他可能找到帮助的地方。在一个清醒梦中首次建起自己的工作室后，每次去拜访它的时候，你可以进一步加以装饰：添加比如藏宝箱、图书馆或工作台——任何你觉得可能启发和帮助你的创造性工作的东西。

当你对所创造的环境感到满意后，接下来招募帮手——专家、老师、助手、巫师、咨询师、缪斯、银河议会，任君挑选。如果你想要学习绘画，那么召唤伦勃朗。跟海明威或黑塞一起去钓鱼，并讨论一下你一直想写的那部小说。让你的帮手帮助你开始面对你的具体问题或创造性任务。建造或生成工具——一部思想机器或一支魔法画笔。

如果这个练习对你有用，别忘了每隔一段时间返回你的工作室。你的心智模型将不断成长，对你的创造性越来越有助益。你在那里解决的问题越多，你在那里找到的灵感越多，那个工作间就会变得对你越有帮助。

第十章 克服梦魇

什么是梦魇？

我开始试着理解自己的睡梦是自己心智的产物，是我自己把它们做梦做出来的。突破出现在我经历过一次梦魇后不久的一天晚上。当时我告诉自己，如果再任由我的恐惧这样肆虐下去，我就不可能充分享受人生。我带着决不屈服的决心进入了睡梦状态。我之前在某个地方读到过，内心的恐惧只能通过友善和信任加以化解。愤怒、威胁、好勇斗狠都不是恰当的选择。这些反应实际上是恐惧之下的反应。所以我下定决心要表现出友善。

梦境展开，而我差点赶不及在梦魇开始前提醒自己要微笑面对。这次是一个很孩子气的梦魇，我的全部恐惧体现为一只巨大、模糊但非常骇人的怪物。我吓得差点就要掉头鼠窜，但强靠着我的意志（我真是非常害怕），我止住脚步，让它不断靠近。我对自己说，"这是我的梦，如果我忘记了这一点，我下次就还要重蹈覆辙"，然后我尽可能真诚地挤出微笑。此外，我还尽可能冷静地发出声音，因为不论是在醒时，还是在睡时，我受到惊吓就会说不出话。我说了一些诸如"我不害怕，我想要交朋友，我的梦欢迎你"

之类的话，而几乎我一说出这话，那只怪物就变得这样的友好和欢乐。我开心不已。不消说，我很快醒了过来，嘴里仍然说着"我做到了"。

（加利福尼亚州弗雷斯诺的 T.Z.）

我知道我可以在一个清醒梦中改变一个令人恐惧的场景，所以我让自己不要害怕或恐慌。我不再逃避睡梦中的任何东西或人。而奇怪的是，在醒时生活中，我也不再逃避。我迎头面对，不再久拖不决。我的清醒梦改变了我看待生活的方式。人们认为这是我随着年龄增长而发生了改变，但事实是，这只是真实的我显露出来了。

（北卡罗来纳州格林斯伯勒的 V.F.）

梦魇（nightmare）是一些骇人的梦境，我们最糟糕的恐惧在其中变得栩栩如生，让人信以为真。你相信自己可能经历的最令人害怕的事情，也最有可能成为你的梦魇的主题。所有人，不论男女老少、文化背景，都曾经遭受过这种夜间恐怖的侵扰。人们对于梦魇的成因的理解，也跟他们对于睡梦的理解一样，各不相同。在有些文化中，梦魇被视为一种真实经验，是灵魂趁着身体睡着时闲逛到了另一个世界。在另一些文化中，它们则被视为恶魔上身的结果。事实上，"nightmare"一词源自于中古英语中的"mare"，后者意为"压在睡觉中的人胸口上的邪魔"。（在夜晚与睡觉中的女子梦中交合的恶魔被称为"incubus"，其女性版本则被称为"succubus"。)

在今天的西方文化中，大多数人会满足于说，梦魇"只是梦"，也就是说，它们是想象出来的，不会产生任何实质性影响。因此，当一名商业主管从一个自己在丛林中被丧尸追逐的噩梦中惊醒过来时，尽管心仍然怦怦跳，他还是松了口气，照例安慰自己说，"谢天谢地，刚才只是一个梦"，然后喝口水，再次躺回床上。然而，仅仅几分钟之前，当散发着恶臭的尸体睁着猩红大眼，朝他脖项上吐气时，我们的主管毫不怀疑它们的真实性。这些丧尸可能是想象出来的，但感受到的恐惧是真真切切的。因此，将骇人梦境带给人的真实恐惧轻描淡写地斥为想象出来的而抛诸脑后是一个错误，它让我们没有办法，只能一次又一次地受到我们可能经历的最糟糕恐惧的摆布。

那么是什么赋予了梦魇这种特殊的恐惧感？在睡梦中，一切皆有可能。这种无所限制可以是美好的，因为它使得我们得以体验到在醒时生活中实现不了的幻想和享受所带来的愉悦。然而，反过来，任何你想象得出来的不想要体验的东西，不论它们在醒时多么不可能发生，也都有可能在梦中发生。

在梦魇中，我们总是孤独一人。我们在自己心智中所创造的骇人世界充斥着我们的个人恐惧。我们可能梦到自己与朋友在一起，但如果我们怀疑他们，他们也可以很容易就变成敌人。如果我们试图逃脱一个持斧疯子的追逐，他总是能够找到我们，而不论我们躲在哪里。如果我们用刀去扎一个恶魔，他可能毫发无损，或者刀可能变成是橡胶的。我们的思想背叛了我们；如果我们心想，真希望他没有带枪——看！他带有一把枪。也难怪当我们从噩梦中醒来，回到相对理智及和平的醒时世界时，我们会松一口气。

因此，不难理解，当人们在梦魇中意识到自己必定在做梦时，他们常常选择立即醒来。然而，如果你在一个噩梦中完全清醒过来，你将意识到梦魇其实无法伤害你，因而你不需要通过苏醒"逃避"它。你将记起自己实际已经安安全全地躺在床上。正如接下来将讨论到的，更好的做法是继续停留在梦中，并直面和克服恐惧。

梦魇的成因和治疗

研究显示，有三分之一至二分之一的成人都偶尔经历过梦魇。一份对于三百名大学生的调查发现，将近有四分之三的人至少每月经历过一次梦魇。在另一份研究中，5% 的大学新生表示至少每周经历过一次梦魇。[1] 如果将这个比例应用到总人口上，那么我们可能发现，有超过一千万美国人每周都受到这种极其逼真的恐怖经验的折磨！

一些看上去影响到梦魇发生频率的因素包括疾病（尤其是发烧）、压力（由诸如青春期的烦恼、搬家、学习或工作不顺等原因所导致）、出问题的情感关系，以及诸如遭受抢劫或遭遇严重地震等创伤性事件。创伤性事件可能引发一系列长期的、反复出现的梦魇。

有些药物也可能导致梦魇发生频率增加。原因是，许多药物会抑制 REM 睡眠，导致 REM 睡眠在之后反弹。如果你在喝醉后睡觉，你可能睡得很沉，几乎没有做梦，直到入睡的五六个小时后，这时酒精作用已经大部分消退，而你的脑开始补偿失去的 REM 睡眠时间。因此，在剩下的几小时睡眠时间里，你将以比通常更高的强度做梦。这种强度也反应在梦境的情绪上，而这常常是令人不适的。

有些药物看上去是通过增强 REM 睡眠系统的某些部分的活性而提高了梦魇发生频率。其中之一是被用于治疗帕金森病的左旋多巴，以及被用于治疗某些心脏疾病的 β 阻断剂。由于研究已经表明，清醒梦倾向于在高强度的 REM 活动阶段发生，这使得我相信，这些导致梦魇发生的药物可能也有助于做清醒梦。[2] 这是一个我打算接下来研究的话题。我认为，高强度的 REM 睡眠是会产生令人愉悦的梦境，还是会产生令人恐惧的梦境，取决于做梦者的态度。

因此，我认为，在寻找梦魇的治疗之法时，我们应该将目光投向做梦者的态度。比如，人们很少在睡眠实验室里体验到梦魇，因为他们感到有人在观察自己，在关心自己。类似地，当孩子们从梦魇中惊醒，并钻进父母的被窝时，他们感到安全，因而较少可能再做噩梦。

我相信，处理令人不适的梦境的最好地方就是在它们自己的地盘，在梦境中。我们以自己的各种恐惧为原材料创造出自己的梦魇。恐惧其实是预期——我们会恐惧某种我们认为永远不会发生的事情吗？预期影响着我们的醒时生活，但更有甚者，它们也决定着我们的梦中生活。在你的醒时生活中，当你走在一条漆黑的巷子里时，你可能害怕会有强人出现。然而，要想果真有黑影出现，拿刀对着你，这有赖于在巷子深处真的有某个持刀歹徒在等待机会对人下手。相反，如果你梦到自己走在一条漆黑的巷子里，害怕会有强人出现，几乎不可避免地，你就会被袭击，因为你已经想象那个歹徒在等待机会对你下手了。但如果你不把这个场景视为是危险的，那么就不会有歹徒，也不会有袭击。你在睡梦中的唯一真正敌人是你自己的恐惧。

我们大多数人都有着某些没有用处的恐惧。害怕在众人面前发言就是一个常见的例子。在大多数情况下，这样讲话不会带来任何伤害，但这一事实并没有阻止许多人像对待一个有生命威胁的场合那样对公开演讲避之唯恐不及。类似地，在一个睡梦中害怕某事，尽管可以理解，但其实是完全没有必要的。即便这些恐惧没有用处，但它们仍然相当令人不适，并可以让人感到劳心伤神。因此，一个改善我们生活的显而易见的方法是，让自己摆脱这些毫无必要的恐惧。那么如何才能做到呢？

对于运用行为矫正疗法治疗恐惧症的研究表明，让一个人在理智上了解自己所恐惧的对象其实毫无害处是不够的。怕蛇的人可能清楚"了解"束带蛇是无毒的，但他们仍会害怕把它们拿在手上。学会克服恐惧的方法就是勇敢面对它——一点一点地接触令人恐惧的物体或场景。每次你遇上自己所恐惧的事物却没有受到伤害，你就会透过切身经验了解到，它真的不会伤害你。这也是我们提议用来克服梦魇的一种方法。许多例子已经表明，这种方法是有效的，并且甚至可为孩童所使用。

我们所提议的梦魇疗法都不要求你对那些令人不适的意象的象征意义做出诠释。在睡梦中与这些意象直接打交道也可以做出卓有成效的工作。醒时的分析（或在睡梦中进行的诠释）可能帮助你理解自己焦虑的根源，但不一定能帮助你克服它们。比如，再以恐蛇症为例。对于怕蛇的经典诠释是，它是一种乔装改扮的对于性的焦虑，尤其是对于男性（事实上，大多数怕蛇的人是女性）。而一个更为合理的生物学解释是，人类生来容易学会怕蛇，是因为学会避开毒蛇具有显而易见的生存价值。然而，了解这些信息并不会治好恐蛇症。真正有帮助的，正如前面已经提到过的，是让怕蛇的人逐步习惯于接触蛇。类似地，直接面对梦中的恐惧，切身了解到它们无法伤害自己，就可以帮助我们克服它们。

利用焦虑

在弗洛伊德看来，梦魇是满足受虐愿望的结果。这个有趣概念的基础在于，弗洛伊德坚信每一个梦都是对于一个愿望的满足。"我不知道为什么梦境不应该拥有各式各样的意义，"弗洛伊德半开玩笑地写道，"我对此应该不会反对。对我而言，它可以如此。对于这种更宽泛的、更方便的观点，只有一个细节是拦路虎——那就是，它在现实中不是如此。"[3] 在弗洛伊德看来，如果每一个梦都不过是对于一个愿望的满足，那么对梦魇来说，这也必定成立：梦魇的受害者必定暗地里想要遭受凌辱、折磨或迫害。

我不认为每一个梦都必然是一个愿望的表达；我也不将梦魇视为受虐愿望的满足，而更愿意将它们视为适应不良应对的结果。在梦魇中所经历的焦虑可被视为做梦者未能做到有效应对梦中情境的一个指标。

当我们碰上一个引发恐惧的情境，同时我们过往习惯的行为模式对此无能为力时，焦虑就会产生。体验到这种焦虑梦境的人需要一种新的应对方式来处理这些引发恐惧的梦中情境。这可能并不容易做到，如果这样的情境是源自于做梦者在醒时生活中始终不愿意面对、因而一直未得到解决的冲突。在状况严重的情况下，要想解决梦魇问题，可能不得不先解决催生出这些梦魇的人格问题。不过，我相信这样的限定主要适用于严重的适应不良人格。[4] 对于相对正常的、其梦魇不是源自严重的人格障碍的人来说，清醒梦可以极其有帮助。然而，如果你打算从我们的克服梦魇方法中受益，你必须愿意对于自己的经验，尤其是自己的睡梦负起责任。

为了说明睡梦中的清醒状态如何能够帮助你处理引发焦虑的情境，试考虑下面这个类比。非清醒梦的做梦者就像一个怕黑的小孩，他真的相信有怪物躲在黑暗中。清醒梦的做梦者或许像一个略微大一点的小孩，仍然怕黑，但不再相信那里面真藏着怪物。这个小孩可能会感到害怕，但他会知道其实没有什么好怕的，并有可能克服这种恐惧。

焦虑源自于下面两个状况同时发生：其一是对于某种我们（可能无来由）觉得令人害怕的情境的恐惧，其二是对于能否避免不良后果的不确定性。换言之，当我们害怕某样事情，并且在自己的行为武器库中没有东西可以帮助我们克服或规避它时，我们就会体验到焦虑。焦虑可能具有一种生物学上的功能：它促使我们更仔细地观察自己所处的情境，并重新评估可能的行为方式，以找出一个之前被忽视的解决方案——简言之，变得更有意识。[5]

当我们在睡梦中体验到焦虑时，最适当的反应应该是清醒过来，并以一种创造性的方式去面对所处的情境。事实上，焦虑看上去会自发地让人清醒过来，并且还相当频繁（比如，它就占了我有记录的第一年所做的 62 个清醒梦的四分之一）。[6] 甚至情况有可能是，对于那些意识到这种可能性的人来说，梦中的焦虑总是会导致他们清醒过来。经过练习，梦中焦虑可以成为一个可靠的梦征，而它并不比一具指向了一个需要你做点修补工作的地方的稻草人更危险。在睡梦中，没有理由恐惧。

面对梦魇

在一个清醒梦的中途，我看见一系列灰黑色的管子。从最大的一根管子中冒出了一只黑寡妇蜘蛛，大约跟猫一般大。在我看着这只蜘蛛时，它变得越来越大。然而，任它变大，我一点都不害怕，心里想着"我不害怕"，然后我就让蜘蛛消失了。我对此感到非常自豪，因为我一直以来都很害怕黑寡妇蜘蛛。我记得的最早一个梦魇就是关于一只巨大的黑寡妇蜘蛛，它对我穷追不舍。对我来说，黑寡妇蜘蛛是一个象征恐惧本身的强烈符号。

（加利福尼亚州萨克拉门托的 J.W.）

在大约二十六年前，我首次意识到自己梦魇中的怪物无法真的伤害我。我告诉它，我不再害怕它，然后它就变成了一个没有牙齿、哭哭啼啼的老巫婆逃走了。昨天我在《大观》杂志上读到一篇介绍你的工作的文章，然后当天晚上，那只怪物再次出现了。这次，由于知道自己在做梦，我开始欣赏起梦中的精致细节，并看着它从一个惹人厌恶、令人害怕的形状一点一点地变成另一个。我记起你曾经描述过你所梦到的黑猫，于是我告诉它笑一个。我惊讶地看到它凸出的眼睛消退下来，嘶吼的嘴角放松下来，试图做出一个微笑。它不知道怎么笑。鲨鱼般的牙齿变成了马一般的牙齿，然后它咧着嘴笑了。这是我所见过的最蠢的画面，然后我大笑着醒来。我感觉自己就像一个六七岁的小孩拿到了一件新玩具。

（佛罗里达州杰克逊维尔比奇的 L.R.）

"没有理由恐惧，"在七个世纪前，苏菲派导师鲁米这样写道，"是想象力将你挡在外边，就像一根木门闩关住大门。烧掉那根横木……"[7] 对于未知的恐惧要甚于对已知的恐惧，而这似乎在睡梦中是再正确不过了。因此，对于一个令人不适的梦中情境，最具适应性的应对就是面对它，而这一点可从下面这一系列由 19 世纪的清醒梦研究先驱德理文所做的梦魇中看出来：

> 我没有意识到自己在做梦，并以为自己正在被一群恐怖的怪物所追逐。我逃跑着穿过一连串无穷无尽的、相互连通的房间，总是感到难以打开并在身后关上门，总是听到门接着被我的恐怖追逐者所打开，也总是听到它们在追逐我时发出骇人的叫声。我感到它们越追越近，就要抓到我了。我猛地醒来，浑身是汗。
>
> ……在醒来后，我深受触动，因为出于一种奇怪的机缘，那种以前在我的睡梦中常常出现的觉察状态，现在始终弃我而去。然而，一天晚上，这个噩梦第四次发生，就在怪物开始追逐我的时候，我突然觉察到自己所处的真实状况；想要起身反抗这些幻觉的渴望给了我力量压下自己的本能性恐惧。借着我自己的自由意志（它在这些情况下可以表现得相当惊人），我没有逃跑，而是背靠着墙，并决定仔细观察一下这些我之前只是瞥见一眼的魅影。我必须说，第一印象相当令人震惊，因为心智，即便它有所预期，仍然难以抗拒一个引发恐惧的幻觉。我收敛心神，注视那只为首的追逐者，它看上去像大教堂门廊上方那些令人厌恶的、龇牙咧嘴的怪兽雕像，但我选择停下来研究它的做法很快让它呈现出另一种给人的感觉。我可以观察到下面这些：这只多变的怪物已经在我几米开外停住，上蹿下跳，嘶嘶作响，看上去滑稽可笑，而不再令人畏惧。它一只手上或脚上（或不管你怎么称呼）的爪子吸引了我的注意；共有七根，根根分明。它的眉毛、肩膀上似乎有的一个伤疤以及其他一些细节是如此清晰，使得这个梦境可以跻身我所做的最生动的

梦境之一。这个记忆是来自于我见过的某个浮雕吗？不管怎样，我的想象力已经在其上添加了动作和色彩。我集中注意在这只怪物上面，这使得它的同伙神奇地消失了。那个身影本身看上去也放慢了动作，身形开始变模糊，变得变幻不定，并最终变成了某种飘在空中的空壳，就像狂欢节期间，售卖变装道具的商店用来招揽生意的、经过日晒雨淋的戏装。接下来是几个简短场景，再然后我就醒了过来。[8]

这看上去是德理文的这一系列梦魇的终结。保罗·托莱也曾经报告说，如果梦中自我在面对充满敌意的梦中人物时看上去勇敢而开放，这些梦中人物的外表常常就会变得不那么具有威胁性。[9]另一方面，如果试图迫使一个梦中人物消失，它可能反而变得更具威胁性，就像在下面这个 G. 斯科特·斯帕罗所给出的例子中那样：

我正站在自己房间外的走廊上。现在是晚上，所以我站的地方一片漆黑。我的父亲从前门走了进来。我告诉他我在那里，以免吓到他，或招致他的攻击。我突然无明显来由地害怕起来。

我望向门外，看见一个黑影，看上去是一只很大的动物。我害怕地指着它。那是一只巨大的黑豹，正从门口走进来。我朝它伸出双手，心里极度恐惧。我把手放在它的头上，并说道："你只是一个梦。"但我这样说时，话里半是哀求，因为我无法驱散恐惧。

我祷求耶稣护佑。但在我醒来时，我仍然惊恐不安。[10]

在这里，做梦者运用他的清醒状态试图让骇人的意象消失。这与逃避梦中怪物并没有什么区别。要是当初在反思之后，斯帕罗意识到梦中黑豹无法伤害他，这个想法本身应该就可以扫除他的焦虑。恐惧才是你在睡梦中最可怕的敌人；如果你允许它滋生蔓延，它就会变得越来越强，而你的自信则会不断萎缩。

然而，许多清醒梦做梦新手可能一开始会倾向于试图运用他们的新能力去找出逃避恐惧的更聪明办法。这是因为我们天然倾向于继续在既有的心智框架内行事。在一个你正在逃避威胁的睡梦中，如果你意识到自己在做梦，你仍然会倾向于继续逃避，即便你现在应该知道了其实没有什么好逃的。在我开始记录自己的清醒梦的第一个半年里，我不时会陷入这种心智惯性，直到下面这个清醒梦促使我永久改变了自己做清醒梦的方式：

> 我像蜥蜴那样抓着一座摩天大楼的墙面，仓皇往下逃命。这时我突然想到自己可以通过飞翔更快地逃走，而随着我这样做了，我意识到自己在做梦。等到我抵达地面时，梦境和我的清醒状态都消退了。接下来我发现自己坐在一个讲堂的观众席上，正有幸听到伊德里斯·沙阿（一位杰出的苏菲派导师）点评我的梦境。"斯蒂芬意识到自己在做梦，意识到自己可以飞翔，这很好，"沙阿若有所思地说道，"但不幸的是，他当时没有看出来，既然这是一个梦，他原本就没有逃的必要。"

话讲得再明白不过了。在听过这个梦中讲座后，我下定决心以后再也不利用我的清醒状态来逃避令人不适的情境了。但我也不会满足于通过无所作为来被动地避免冲突。对于自己做清醒梦的方式，我给自己定下了规矩：每次意识到自己在做梦，我就要问自己以下两个问题：(1) 我现在或刚才有在这个梦中逃避任何东西吗？(2) 这个梦中现在或刚才存在任何冲突吗？只要其中一个回答是肯定的，我就义不容辞要竭尽所能去面对我所逃避的东西，并解决任何冲突。在后来的几乎每一个清醒梦中，我都很容易就记起当初定下的这个原则，并在每次要求我这样做时，都努力尝试去解决冲突，直面自己的恐惧。

通过醒来"逃避"梦魇，只是让你断绝对于令人焦虑的意象的直接接触。你可能会感到一定程度的解脱，但就像那名凿穿自己牢房的墙壁却发现自己来到了另一间牢房的犯人，你其实并没有逃脱。此外，不论自己觉察到与否，你都遗留下了一个未解决的冲突，而它毫无疑问会在日后某个夜晚里再次回来困扰你。最后，你可能还会带着一种不舒服、不健康的情绪状态开始你一天的生活。

另一方面，如果选择停留在噩梦中，而不是从中醒来，你就有可能以这样一种方式解决冲突，使得你的自信和心理健康都得到增强。这样当你醒来时，你会感到自己解放了一些额外的能量，使得自己可以带着新的自信开始新的一天。

做清醒梦可以赋予我们力量去祛除梦魇的恐惧，并同时去强化自己的勇气——只要我们能够充分掌控自己的恐惧，使得我们意识到最令人不安的意象不过是自己的创造，并得以勇敢地面对它们。

睡瘫症

我第一次体验到自己意识清醒但身体却动弹不得的恐怖是在小时候有一次,我生病发烧,躺在母亲的卧室里。当时我看到一个黑影穿过窗户,进入房间,并试图掀开我的被子。我的内心在尖叫,我的理智则知道什么都没发生。我一直很害怕有人穿过那个窗户进来,这不知怎么地让我意识到,那只是一个黑影,而不是一个人。我努力抗拒它,然后我就醒来了。在过去一年里,我一直在重复做这个梦,并在做梦时感到肩膀上搭着什么东西——我感到非常恐惧。最近,在另一个这样的梦中,某种恐怖的东西想要杀害我。这时我记起我的丈夫告诉过我的、他在梦到类似情境时的做法,所以我转身面对那个"东西",并近乎于挑战它,让它放马过来动手,强调我一点也不害怕。我强烈感到,如果我鼓起力量,并开始想象一个良善纯洁(上帝)的意象,并对之祈祷,它就不能伤害我。那个"东西"被挫败了,然后我醒来,感觉非常好。

(加拿大安大略省埃托比科的K.S.)

就像上面的例子所表明的,睡瘫症的经验可以非常骇人。在典型的情况下,一个人醒来,却发现自己动弹不得。这时可能感觉像是千斤重担压在身上,让人难以呼吸。幻觉也可能出现,常常是嗡嗡作响的噪声、身体里的振动或附近具有威胁性的人和物。做梦者可能感到有东西触碰自己的身体、身体发生扭曲或"电流"贯穿全身。随着这种经验继续,周围的环境可能开始改变,或者这个人可能感到自己灵魂出窍，离开身体往上飘或往下沉。常常是，做梦者知道这种经验是一个睡梦，却发现自己非常难以醒来。

导致睡瘫症的原因很有可能是，心智已经醒来，但身体仍然处在 REM 睡眠的瘫痪状态。一开始，做梦者实际感知到了周围的环境，但随着 REM 睡眠过程再次占据主导，奇怪的事情开始发生。焦虑看上去会伴随着这种生理心理状态自然出现，并且会由于做梦者觉得自己已经醒来，由于他们相信这些奇怪之事是真实发生的，还由于他们感到身体无法移动而雪上加霜。如果做梦者更完全地进入 REM 睡眠，他就会丧失对于身体的觉察，而这使得他感到身体瘫痪，动弹不得。在这时，随着他的身体意象从实际身体的感知输入中解放了出来，他可能会体验到"灵魂出窍"的感觉。[11]

睡瘫症经验有可能是某些最为奇怪的夜间现象的原因，比如恶魔、梦淫妖和女淫妖上身、灵魂出窍的体验等。然而，它们也可以不令人害怕，只要你在它们发生时明白过来它们只是睡梦，而这些奇怪之事一点也不危险。处在这些状态下的人常常试图大声呼喊，以便招呼人来叫醒自己，或迫使自己移动身体，以便自己醒来。然而，这通常只会让事情更为糟糕，因为这会增加他们的焦虑感。而焦虑本身可能会帮助延长这种状态。一个更好的办法是，记起这只是一个梦，因而一切是无害的，然后放松，顺其自然。保持一种勇于探索的好奇心。从瘫痪经验派生的睡梦常常是相当强烈和美妙的。

克服梦魇的实践课

我来到一个山顶上，处在一道悬崖边。我看上去是分别牵着一只狗和一头狮子的两个人的阶下囚。我感到他们打算将我扔下悬崖，所以我奋身撞向他们，将这两个人连同狮子推下了悬崖，但我也掉了下去，落入水中。我毫发无损，并且现在双手也解开了。我游到岸边，打算爬上山崖，但狮子挡在我的前面，并对我很生气，因为我把它推到了水中。它不会让我上去，所以我试图通过朝它泼水和扔石头来吓唬它。它一声吼叫，向我扑来，但我一跃而起，来到了山崖下。现在我知道自己退无可退，所以我转身面对它，并在它再次扑过来时说道："尽管来吧。"我伸出双手挡在前面，这时我突然意识到原来自己在做梦。在它攻击的中途，它的表情从愤怒变成了友好和活泼。当它落在我面前时，我搂住它，跟它翻滚嬉戏。我亲了它，它则舔了我。我感到很高兴自己清醒过来，并能与一只狮子嬉戏玩耍。接着它翻身一滚，变成了一个赤裸的黑人女性。她非常漂亮，乳头很大。我开始与她玩耍，并变得兴奋起来，但我一直有这样一种感觉，即回到山顶要更为重要，所以我说，让我们回去吧。随着我们开始上山，我就醒来了。

（新泽西州林登沃尔德的 D.T.）

我曾经畏惧死亡，但我在一个清醒梦中克服了这种恐惧。当时我正穿过一个仿似地狱的环境，并意识到这不可能是地狱，因为我正躺在床上睡觉。在那一瞬间，我突然背后遇袭。我"感受"到疼痛，于是决定看看"死亡"会是什么感觉。我感到自己处在一种强直性昏厥的状态。我通过意志让我的梦中"灵魂"脱离我的梦中"身体"。看到我的梦中"身体"在自己下面是一种奇怪的感觉。我也感受到一种无所不在的平静祥和。我对自己说，如果这就是死亡的感觉，那它也没有那么糟糕。从那一天起，我不再恐惧死亡。我甚至在一些生死攸关的场合里仍然得以保持平静。

（佛罗里达州劳德希尔的 K.D.）

任何经受过梦魇折磨的人，都可以利用清醒状态来应对睡梦中的严重焦虑，并从中获益。经常做噩梦的读者，自然可以立刻尝试我们这里所给出的建议。但其他人也可以了解这些材料，记在脑子里，这样在下次真的遇见一场令人害怕的梦魇时就可以派上用场了。

睡梦研究文献中已经有多种处理令人不适的梦境经验的方法。而它们都可以得到清醒状态的辅助加成，因为在清醒状态下，我们了解自己的处境（在做梦），并知道醒时世界的规则在这里并不适用。最早一批克服梦魇的系统性方法之一是由基尔顿·斯图尔特在其论文《马来亚的睡梦理论》中提出来的，它据说源自马来半岛上的塞诺伊人。[12] 斯图尔特的理论后来经过帕特丽夏·加菲尔德的《创造性做梦》一书的介绍，进一步为公众所知。[13] 塞诺伊方法的基本原理是，对抗并征服危险。这意味着，如果你遇见了一个攻击者或一个不合作的梦中人物，你应该主动攻击并制服它。如有必要，你甚至应该摧毁它，从而释放一股正面力量。一旦你制服了梦中人物，你必须迫使它献给你一件珍贵礼物——某种你可以在醒时生活中使用的东西。另一方面，你招募友善的、合作的梦中人物，以帮助自己战胜那些具有威胁性的梦中人物。

有些人报告说，这种"对抗并征服"的方法给自己带来了正面的、提高自信的结果。然而，正如保罗·托莱已经发现的，攻击不友善的梦中人物可能并不是处理它们的最有效方法。个中原因我们将在第十一章细致讨论，但简要来说，这是因为这些具有敌意的梦中人物可能代表了我们自己人格中那些我们希望摒弃的方方面面。如果我们试图将这些特征在睡梦中的象征性形象摧毁，我们可能也是在象征性地试图抛弃并摧毁我们自己的这些部分。

另一个与塞诺伊人相关的思想，也值得在面对梦魇时牢记在心。坠落是一个非常常见的焦虑梦境主题。塞诺伊方法建议说，当你梦见自己在坠落时，你不应该让自己醒来，而是应该顺势而为，放松自己，然后轻轻落地。想象自己会落在一个有趣的地方，尤其是一个将给你带来有用的洞见或经验的地方。下一步，在未来梦见自己坠落时，你应该尝试飞翔，前往某个有趣和有用的地方。如此这般，你就可以将一段令人害怕的、负面的经验转变成一段有趣和有用的经验。

托莱在广泛研究过面对具有敌意的梦中人物的各种态度后得出结论，一种和解的方法最有可能导致做梦者得到一段正面的经验。[14] 他的和解方法是基于与梦中人物展开对话的做法（参见后面的练习）。他发现，当做梦者试图与具有敌意的梦中人物和解时，对方常常顺势"从低等摇身变成高等生物"，也就是说，从野兽或神话生物变成人类，并且这些转变过程"常常使得做梦主体马上理解了睡梦的意义"。此外，针对具有威胁性的梦中人物的和解行为通常会导致它们的外表和举动表现得更为友善。比如，托莱自己曾经梦到：

> 我在被一只老虎追逐的过程中清醒过来，并首先想到要逃跑。后来我收敛心神，止住脚步，并向老虎提问说："你是谁？"老虎吃了一惊，摇身变成我父亲的模样，并回答说："我是你的父亲，现在将告诉你应该做什么！"不同于我之前的梦境，这次我没有试图动手动脚，而是试着与他展开一段对话，但也明确告诉他，他不能对我指手画脚。我拒绝了他的威胁和谩骂。另一方面，我也不得不承认父亲的有些批评是合理的，所以我决定要相应改变自己的行为。在那一瞬间，我的父亲变得十分友善，我们握了握手。我问他是否可以帮助我，而他鼓励我走自己的路。我的父亲然后似乎融入了我自己的身体，只剩下我一个人留在梦中。[15]

为了展开一段良好的梦中对话，你应该平等对待梦中人物，就像在上述例子中那样。下面这些问题可能帮助你与梦中人物开启一连串富有成果的对话：

- "你是谁？"
- "我是谁？"
- "你为什么在这里？"

- "你为什么要这样做？"
- "你要告诉我些什么？"
- "为什么这样那样的事情在这个梦境中发生了？"
- "你对这样那样的事情有什么看法或感觉？"
- "你想从我这里得到什么？你想要我做些什么？"
- "你想要问我什么问题？"
- "什么是我现在最需要知道的？"
- "你可以帮助我吗？"
- "我现在帮得上你吗？"

练习35 与梦中人物展开对话

1. 在觉醒状态下练习想象的对话

选取最近一个你与某个梦中人物有过一段不愉快遭遇的梦境。想象那个梦中人物就站在你的面前，并想象自己与它交谈。通过询问问题展开对话。你可以选择上述列表中的问题，也可以使用任何你感兴趣的问题。写下你的问题以及你得到的回答。试着不要让批判性思维打断思绪，比如"这很蠢"、"这都是我编的"或"这不是真的"。倾听，并互动。你可以晚点再进行评估。在对话进行不下去或你已经得到一个有用的结果时结束对话。然后评估整个对话，看看哪里做得对，哪里下次可以换个说法。一旦成功做完了这一个，换另一个梦境试试看。

2. 设定你的意向

为你自己设定一个目标，即当下次你与一个梦中人物发生一次令人不安的遭遇时，你会清醒过来，并与那个梦中人物展开对话。

3. 与梦中人物展开对话

任何时候你遇上一个你觉得与之存在冲突的人物，问自己是否在做梦。如果你发现自己正在做梦，以如下方式行事：站立不动，并面对那个梦中人物，然后利用前述列表中的问题开启对话。倾听对方的回应，并试着将对方的问题当成自己的问题来处理。看你们能否达成一个共识或交上朋友。继续对话，直到你得到一个令人满意的结果。然后确保在你仍然清晰记得对话内容的时候让自己醒来，并将它们写下来。

4. 评估对话

问自己是否已经取得力所能及的最好结果。如果答案是否定的，思考下次你可以做出哪些改进。你可以利用步骤1再现对话过程，以取得一个更令人满意的结果。

（改编自卡普兰 - 威廉斯 [16] 和托莱 [17]。）

与和解性对话所取得的正面结果相反，托莱发现，当做梦者通过言语或肢体攻击梦中人物时，对方常常会出现形态上的退化，比如从一位母亲变成一个巫婆，然后又变成一只野兽。我们或许可以假设，自己梦境中的其他人物在身为友善的人类时要比身为被制伏的动物时更有帮助，所以在大多数时候，对抗性方法可能并不是最好的选择。

我说"在大多数时候",是因为在有些情况下,可能不建议你敞开双臂,拥抱一个梦中攻击者。这些情况可能包括,梦境再现了这样一些真实生活事件,在其中,一个人遭受到另一个人,比如强奸犯或猥亵犯的侵害。在这些情况下,一个更令人满意的结果可能要来自对于梦中攻击者战而胜之的塞诺伊方法。不过,在许多例子中,托莱的研究已经表明,攻击梦中人物可能导致焦虑感或负罪感,以及梦中人物后续的"报复"。所以我会建议避免做出这样的行为,除非它确实看上去是最好的选择。

对于前述克服梦魇的各种方法,我只有几点补充。其一是对于"对抗并征服"方法的补充。尽管我不能无条件地推荐征服梦中人物的做法,但打算在睡梦中对抗所有危险的意向与我对于一个建构性梦中生活的概念完全契合。要记起在睡梦中没有任何东西可以伤害你,并考虑是否存在任何理由,说服你不应该允许自己去体验你已经公开宣称要在睡梦中做的事情。对于体验梦中危险的一个很好例子来自帕特丽夏·加菲尔德:

> 我身处一个类似伦敦地铁系统的地铁里。我来到一部扶梯前。前三四级阶梯没有动静。我想我得走上去了。在走了几级后,我发现它在动。我抬头往扶梯尽头看,看到扶梯上方有一部黄色机器。我意识到,如果我继续前进,我会被那部机器压扁。我变得害怕起来,准备醒来。后来我对我自己说:"不,我必须继续前进。我必须面对它。帕特说,我不能醒来。"随着自己越来越接近机器,我的心开始怦怦猛跳,手心开始拼命冒汗。我说,"这对我的心脏不

好"，但我还是继续前进。什么都没发生。不知怎么地，我穿过了它，一切都没事情。[18]

在另一个例子中，一个女人梦见自己在过马路时很难不被车撞到。由于她在醒时生活中对于车辆有着非同寻常的恐惧，在清醒过来后，她决定直面自己的这个恐惧，于是跃到一辆迎面开来的皮卡的行驶路线上。她后来描述道，当时她感到汽车穿她而过，而她以灵体的形态往天堂飘去，感到振奋和喜悦。

然而，这种"逆来顺受"的方法可能并不是与梦中人物打交道的最好做法。在托莱的研究中，"毫无防御的行为几乎总会导致令人不适的恐惧或沮丧经验"。[19] 具有敌意的梦中人物会倾向于变得比做梦者更大更强。对此的原因可能在于，梦中人物常常是我们自己人格的某些方面的投射，而通过在它们的攻击面前束手就擒，我们可能使得我们自身未被转化的负能量压过了我们更好的一面。

第十一章将更深入探讨这个思想，并提出另一种安抚具有敌意的梦中人物的方法：敞开心扉，并接纳它们作为自己的一部分。这种方法有可能不发一言，就达到一种惊人的正面效果。

梦魇的解方

下面是部分常见的梦魇主题以及建议的应对方法。给自己定下一个目标，每当下次发现自己身处一个噩梦当中时，你会让自己清醒过来，并克服恐惧。如果恰好碰上的是下面的主题之一，不妨尝试一下建议的应对方法。

主题1：被追逐

反应：停止逃跑。转身面对那个追逐者。这个行为本身可能就会让追逐者消失不见，或变得无害。如果没有变化，试着与那个梦中人物展开一段和解性的对话。

主题2：被攻击

反应：不要逆来顺受或逃走。表现出敢于自卫的勇气，然后试着与攻击者展开一段和解性的对话。又或者，在自己身上找到接纳和爱，并将之扩展到那个具有威胁性的梦中人物身上（参见第十一章）。

主题3：坠落

反应：放松自己，让自己落到地面上。老生常谈是错误的——如果你摔到地面上，你其实不会真的死掉。又或者，你可以将坠落转变成飞翔。

主题4：全身瘫痪

反应：当你感到身体被困、被卡或瘫痪时，放松自己。不要让焦虑压过你的理性。告诉自己你在做梦，并且这个梦很快会结束。让自己顺其自然，接受任何可能出现的意象或发生在身体上的怪事。所有这些都不会伤害你。采取一种感兴趣和好奇的态度来面对所发生的一切。

主题5：在考试或演讲前发现自己完全没有准备

反应：首先，你根本不需要让这个主题继续进行下去。你大可离开考场或讲堂。不过，你有可能通过在这些情境下进行临场发挥或即兴演讲来增强自信。确保自己享受这个过程。在醒来后，你可能想要问一下自己，下次在一个类似情境下，自己是否应该实际做好准备。

主题6：在大庭广众之下一丝不挂

反应：在睡梦中谁会在意这种事？利用这个点子好好发挥一下。有些人发现在清醒梦中赤身裸体令人兴奋。如果你愿意，可以让梦中的每个人都是赤条条的。要记住，衣着得体是一种公共场合的规范，而睡梦是一些私人经验。

反复出现的梦魇

> 从一个噩梦中醒来后，我会睡回去，并想着之前梦中在变糟糕之前的某一点。我会回到那一点，并重做那个梦境，使得最终一切圆满，这个梦成为一个好梦。
>
> （华盛顿州科克兰的 J.G.）

我从一位朋友那里得到这样一个建议,在睡梦中,只要"站在那里"就能改变梦的进程。那时我常做一些恐怖的梦。我会在惊喊求救中醒来——如此结束梦境。当然,这种无助的恐惧感然后会带到白天。所以在睡前,我开始对自己说,不论梦中发生什么,我都会站在那里,面对危险,并看着梦境会对此如何回应。这样的一个例子是我的电梯梦境。

我被困在一部电梯里。它上不去也下不去,而我也出不来。最后,我爬到了电梯顶上,而就在我来到顶上时,电梯开始非常快速地上升。眼看我就要被挤扁了,但这时我没有惊喊求救,而是作为观察者冷静应对,并意识到这只是一个梦。我对梦境说,我就坐在电梯上了,"现在你对此要怎么办"?电梯在距离电梯井顶部不远处停住了。没有伤害发生。不仅如此,这个梦境不再失控。在此之前,电梯梦境经常发生。在此之后,它再也没有出现。

(内布拉斯加州林肯的V.W.)

从三岁起,每个月两次,我都会梦到自己被波浪所吞噬;细节各有不同,但我的感受始终如一:恐惧和无助。直到有一次在半睡半醒状态下,我决定做一个清醒梦,想要梦到自己潜入一股巨浪。我做到了!我跑向风暴肆虐的大海,心脏狂跳不止,口中念念有词:"这只是一个梦。"我一头扎进水中。有那么一个令人恐惧的瞬间,我感到肺部充满了水。但然后,我开始享受起在猛烈起伏的波涛中随波飘荡的感觉……过了(非常愉快的)几分钟后,我被冲回到海边。

我还做过另一个勇敢面对海浪、享受水下经历的清醒梦。从那以后,我就没有再做过波浪噩梦。

(加利福尼亚州旧金山的 L.G.)

当仅是思考一个梦魇就让人如此痛苦,使得我们避之唯恐不及时,毫不奇怪它会反复出现。然而,即便是最为恐怖的梦中意象,在我们开始检视它们时,它们也会变得不那么令人害怕。我相信德理文对于本章前面所引的活滴水兽梦境所做的点评很好地点出了反复出现的梦魇的生成机制:

> 我不知道这个梦境的起因可能为何。很有可能是某个病理原因导致它第一次发生;但后来,当它在一段为期六周的时间里多次重复发生时,它显然是单纯因为它之前给我留下的印象,因为我害怕再次碰到它的本能恐惧而一再被勾引出来的。如果在做梦时,我碰巧发现自己处在一间密室中,对于这个恐怖梦境的记忆立刻就会复活;我会扫一眼门口的方向,而害怕看到某个恐怖之物的想法就足以突然召唤出那个恐怖之物,相同的场景和相同的恐怖以一种完全相同的方式再次上演。[20]

我相信梦魇通过下述过程而变得反复出现:首先,做梦者在一种强烈的焦虑和恐惧状态下从一个梦魇中醒来;自然,他希望它不会再次发生。想要极力避免这些梦魇事件的想法确保了它们会被记住。后来,在这个人的醒时生活中的、与原始噩梦有关的某样东西导致他梦到一个与原始噩梦相似的情境。做梦者(或许无意识地）意识到这里的相似性，并预期相同的事情会发生。因此，这样的预期导致梦境走上与原始噩梦相同的走向，并且这样的梦境反复出现的次数越多，它越有可能以相同的形式反复出现。从这个角度看待反复出现的梦魇也揭示了一种简单的解方：做梦者可以想象出一个新的梦境结局，从而消减对于它只有一个可能结果的预期。

经验丰富的做梦者斯特里芬·卡普兰-威廉斯给出了一种重做一个噩梦的结局的方法，他称之为"重返梦境"。这种方法可被用于任何你对其结果不满意的梦境，但它看上去对反复出现的梦魇尤其适合，毕竟后者让你一次又一次地经历相同的一套令人不安的事件。

重返梦境是在醒时状态下进行的。人们首先选取一个想要重温的睡梦，然后努力想出在梦境中不同的行为方式，以便将事件走向导向一些更为有利或有用的结局。他们在想象中重温旧梦，加入新的行为，并继续想象自己身处梦中，直到他们见到了自己的不同行为所导致的结果。卡普兰-威廉斯透过自身经验给出了一个重返梦境的例子。他之前梦到："我身处这栋房子中，需要面对里面的某种可怕东西。我不想这样做。我独自一人。我感到相当害怕。然后我醒了过来。"后来他下定决心要重返梦境，直面恐惧。在这个例子中，他实际上在练习重返梦境的过程中睡着了，而这增加了这次经验的强烈程度：

> 这次我打算让自己进入浴室，这里看上去是我的恐惧的来源。我感到如此害怕，以至于梦中意象都凝固不动了。但靠着意志，我

让自己进入浴室,准备好接受任何事情。我还想到如果自己被攻击,我就取出自己的大砍刀,狂砍一通。但我决定打消这个念头,因为我想要面对自己的恐惧,想要靠着意志站稳脚步,而不论前面出现的是什么。我准备好要面对哪怕压倒性的力量,并且要与之共存,而不是试图打败它。

……当我确实这样[进入浴室]时,里面看上去有一个巨大的、散发着荧光的身形。它没有攻击我,而是变成了一个矮人模样的身形,长着长胳膊、圆脑袋,就像尤达大师。我们直面彼此,而我在这种情况下站稳了脚步。还是没有攻击。随着我切身体验到门后的状况,真正了解到在从小到大的这么多年里一直藏在那里的东西,我的恐惧消失了。藏在每一扇门和每一个可怕地方背后的其实是恐惧本身,以及自己无法完全应付它的无能为力感。[21]

几年前,我就使用一个类似的方法,帮助了一个饱受反复出现的梦魇之苦的人。那个人打电话向我求助。他害怕睡觉,因为他可能再次梦见"那个可怕的梦"。他告诉我,在他的睡梦中,他发现自己身处一个房间中,然后四壁进逼,要将他挤扁。他拼命地试图打开大门,但门总是锁着的。

我让他想象自己回到了那个梦境中,并记起这只是一个梦。他还能做些别的什么吗?一开始,他想不出来任何别的可能性,所以我为他做了一个示范。我想象自己处在相同的梦境中,想象四壁正在步步进逼。然而,在我发现大门的那一刻,我突然想到去掏口袋,果然在那里翻出了钥匙。我用钥匙开了门,然后走了出去。我向他复述了我的解决方案，并让他再试一次。他再次想象那个梦境——这次他环顾四周，并注意到房间无顶，于是便从上面爬了出来。

我建议他，如果这个梦境再次出现，他就可以意识到这是一个梦，并记起他的解决方案。我让他在这个梦魇再次发生时打电话给我，但他再没有打电话过来。很不幸，我们无法确定究竟发生了什么。但我想，在找到某种方式应对那个特定（梦中）情境后，他已经没有需要再梦到它，因为他已经不再害怕它。正如我在其他地方猜想的，我们会梦到那些我们预期会发生的，而不论它们是我们害怕发生的，还是我们希望发生的。我相信，我所描述的上述方法可以构成一种有效治疗反复出现的梦魇的方法的基础，并期望看到它在临床上得到检验。

在心理治疗文献中，已经有人提出某种证据，表明排练（重做梦魇）可以帮助人们克服反复出现的梦魇。詹姆斯·吉尔和欧文·西尔弗曼成功治愈了一名病患，他在其他方面都一切正常，只是在过去十五年里一直饱受一个反复出现的梦魇之苦。[22] 他们安排他接受五个疗程的放松练习，然后是七个疗程的在想象中重新体验梦魇经历（排练）。梦魇出现的频率在第三个排练疗程结束后开始减少，当时病患被要求学会告诉自己，"这只是一个梦"。几周后，在第六个排练疗程结束后，梦魇消失了。艾萨克·马克斯也报告了一个案例，一个在十四年间反复出现的梦魇，在病患于醒时三次重温噩梦，然后写下三个克服梦魇的叙述后，神奇消失了。[23] 纳吉·比谢则通过简单排练以及/或排练一个不同的结局治愈了七例梦魇案例。²⁴ 对于其中五名病患的一个为期一年的跟踪调查表明，四名当初成功想象出胜利结局的病患完全不再受到梦魇困扰，另一名只能想象出一个中性结局的病患也取得了显著改善。

　　排练性的重做梦魇是在觉醒时进行的。然而，一种类似的方法也可以在反复出现的梦魇当中施行，前提是做梦者是清醒的。现在他不需要想象梦境在自己做出不同选择后可能会如何走向；在清醒状态下，他可以在噩梦中直接尝试不同的行为。由此得到的解决方案应该效果更好，毕竟它源自于梦境的实景体验。在觉醒时和做梦时都练习改变反复出现的梦魇的走向，这可能效果还要更好。有些时候，醒时的重做梦魇练习已经足以解决梦境中遇到的问题，从而使得它不再出现。然而，当噩梦确实再次出现时，做梦者应该做好准备，在睡梦中清醒过来，并有意识地去面对和解决问题。下面这个练习结合了这两种重返梦境的方法。

练习 36　重做反复出现的梦魇

1. 回忆并写下反复出现的梦魇
如果你梦见某个特定梦魇一次以上，尽可能仔细地回忆它，并把它写下来。分析在哪些节点上你可以采取不同的行为来影响梦中事件的走向。

2. 选取一个重返梦境的节点和一种新的行为
选取一个打算改变的梦境节点，以及一种你想要借以改变梦境走向的新行为。也可以选取一个位于麻烦发生之前且最相关的节点作为你重返梦境的起始点。（如果这是一个很长的睡梦，你可能希望从令人不适的事件即将发生但还未发生的地方重新开始。）

3. 完全放松
找到一个可以不受打扰一二十分钟的时间和地点。让自己处于一个舒适的姿态，闭上双眼，并施行渐进式肌肉放松法（练习5）。

4. 重做梦魇，并寻找解决方案
从你在步骤2选取的重返节点开始，想象自己回到了这个梦境中。想象梦境一如之前那样发展，直到自己来到计划采取新的行为的那个部分。让自己采取新的行为，然后继续在想象中推进梦境，直到你发现自己的行为对梦境结局产生了何种影响。

5. 评估重做时的解决方案
在想象的梦境结束后，张开双眼。像平常的睡梦日记那样，写下刚才发生的事情。记录下你对于新的梦中解决方案感觉如何。如果你还不满意，对于梦境仍然感觉不舒服，试着重做这个练习，并采取一个不同的行为。通过在醒时练习中达成一个令人满意的解决方案可能就足以让梦魇不再出现。

6. 如果这个梦境再度出现，执行你的新行为
如果这个梦境再度出现，在睡梦中执行你在醒时练习中所想象的所作所为。要记住，睡梦伤害不到你，所以可以坚定地执行你的新行为。

孩童的梦魇

我在五六岁时学会了控制梦魇。比如，一只恐龙在追逐我，这时我会将一罐菠菜插入剧情，然后通过吃掉它获得大力水手的力量，从而"战胜"我的敌人。

（弗吉尼亚州罗阿诺克的 V.B.）

我在十岁时做了这个清醒梦。我和妹妹黛安娜身处一座高高的石塔上，感到惊恐万分。一个老巫婆把我们绑了起来，并打算将我们塞进麻袋，扔到窗外，要让我们在下面的水里淹死。我的妹妹放声大哭，几近歇斯底里。突然之间，我的恐慌变成了一种如释重负和好奇的感觉。我笑了起来。"黛安娜！这只是一个梦！我的梦！就让她把我们扔出窗外吧，因为我可以让我们做到任何事情！"老巫婆顿时成了背景，不再"掌控"局面。我们在下落时放声大笑，麻袋也逐渐消失。温暖、友善的水轻轻地将我们托住，把我们送到岸边。然后我们在岸边的草地上欢笑地嬉戏追逐。在做了这个梦后的许多天里，我都感到一股内在的力量，感到在此之前的恐惧是因为我纵容其存在而成为恐惧的。

（加利福尼亚州塞瓦斯托波尔的 B.H.）

小时候，我参与和控制了自己的许多梦境。我做清醒梦是从大约九或十岁时开始的。一天晚上，我梦见自己被一个邪恶的巨人所追逐。在睡梦中，我突然记起我父母告诉我的，根本不存在所谓的怪物。正是在那时，我意识到自己必定在做梦。我于是止住脚步，转过身子，并让巨人把我拎起来。这个梦的结局非常好，我醒来时感到愉快和自信。在接下来的两年时间里，我掌握了更多的做清醒梦技巧，使得我的睡觉时间变得令人兴奋和向往，因为在这个我新发现的世界里，一切皆有可能，而我是其中的主人。

（加拿大多伦多的 R.M.）

许多人都报告说，他们发现做清醒梦是一种应对孩童时期梦魇的有效方式，就像上述这些例子所描述的。孩童倾向于比成人做更多的梦魇，但幸运的是，他们看上去很容易就将在清醒梦中面对自己的恐惧的思想付诸实践。

在她 1921 年出版的《梦的研究》一书中，玛丽·阿诺德-福斯特提到过，她曾经帮助孩童运用睡梦中的清醒状态克服梦魇。[25] 我自己也有过一个类似经验。有一次，我跟我的侄女玛德莱娜打长途电话，其中我问到她所做的梦。当时才七岁的她竹筒倒豆子一般描述了一个恐怖的噩梦。她曾经梦见，跟往常一样，她去一座现实中的水库里游泳。但这次，她遇见了一条鲨鱼，并被吓坏了。我对她的恐惧表示了同情，然后就事论事地补充道："但当然，你知道在科罗拉多州其实没有鲨鱼。"她回道："当然没有。"所以我继续说："好吧，既然你知道自己游泳的地方其实没有鲨鱼，所以如果你在那里再次见到一条鲨鱼，那必定是因为你在做梦。当然，一条梦中鲨鱼一点也伤害不到你。它让你感到害怕，只是因为你不知道自己在一个梦中。但一旦你知道自己在做梦，你就想做什么都可以——如果你愿意，你甚至可以跟梦中鲨鱼交朋友！你为什么不试一下呢？"玛德莱娜听上去有点动心了。一周后，她打电话给我，骄傲地宣布："你知道我做了什么吗？我骑到了鲨鱼背上！"

对于这种处理孩童梦魇的方法是否总是能够产生如此令人印象深刻的结果，我们尚不清楚，但这无疑值得深入探索。如果你有孩子饱受梦魇之苦，你应该首先确保他们知道梦是什么，然后告诉他们做清醒梦的概念。关于孩童梦魇及其治疗的更多信息，可参见帕特丽夏·加菲尔德的精彩之作《你孩子的梦》。[26]

做清醒梦可以帮助祛除童年的恐惧之一，这一点看上去就足以构成理由，让所有对此有了解的家长将这种方法教给他们的孩子。此外，运用做清醒梦消除孩童梦魇的一个重要的额外好处是，它可以赋予孩子一种掌控和自信的感觉，就像前面的例子清楚表明的。试想一下，发现恐惧是你让它有多大，它才有多大，以及发现你才是真正的主人，这将给孩子们带来怎样的影响啊。

第十一章 治疗之梦

完整性与健康

健康可被定义为一种对于生活中的种种挑战能够做出适应性应对的状态。这个定义不仅适用于生理上，也适用于心理上。为了让应对是适应性的，人们必须在处理具有挑战性的情境时避免破坏个体自身的完整性（wholeness）。服用可以帮助你睡眠，却让你的身体机能第二天无法正常运作的药物就不是非常具有适应性的。然而，多做运动可以帮助你晚上睡得更好，并增强你的健康和活力。这是对于一个难题的一个真正具有适应性的应对。这样的最优化应对将导致一种创造性的适应，使得个体具有比之前更高水平的生理机能。在心理层面上，避免那些让你感到紧张的情境可能让你免于感到焦虑，但这也可能限制了你去充分享受人生。学会面对这些情境将增加你的人生可选项。

在这个意义上，健康不只意味着无病无痛。如果我们旧有的行为不足以处理一个新的情境，一个真正健康的应对将要求我们学会新的、更具适应性的行为。学会新的行为是心理成长的一部分，心理成长将增强完整性，而后者的概念接近于健康的理念。

这也难怪"whole"(完整的)、"healthy"(健康的)和"holy"(神圣的)都来自同一个词源。

自我整合：接纳阴影

心理学家欧内斯特·罗西曾经提出，做梦的一个重要功能就是整合：将不同的心理结构结合成为一个更为综合的人格。[1] 人类是一些复杂的、多层次的生物‒心理‒社会系统。我们的心灵有着很多不同层面，而这些不同部分可能会，也可能不会处于和谐状态。当人格的一个部分与另一个发生冲突，或者拒绝接受其他部分的存在时，不幸福或反社会的行为就会出现。实现完整性因而要求一个人人格的所有层面必须协调一致。然而，整合并不只局限于修补人格的不同部分之间的不良关系。它也可以是一个个人自然发展的过程。

心理治疗理论，其原本的目标是帮助人们克服个人发展中的各种缺陷，即所谓的神经症，但它后来逐渐得到扩展，开始纳入新的思想，包括即便是健康的人也可以通过整合自己人格的不同部分来不断丰富自己的人生经验——也就是说，不断成长。在罗西看来，整合是人格成长得以发生的手段：

在睡梦中，我们不只是提出愿望，我们也能看到愿望成真：我们体验到种种大戏，而它们反映出了我们的心理状态以及改变在其中发生的过程。睡梦是一个可以让我们尽情尝试各种心理改变的实验室。……这种对于睡梦的建构性或综合性方法可以这样加以陈述：做梦是一个心理成长、改变和转变的内生过程。[2]

睡梦中的清醒状态则可以大大助力这个过程。清醒梦的做梦者可以有意地认同和接纳，并象征性地与他们自己先前拒绝或抛弃的那部分人格相结合。这些一度被自我的建造者弃用的石料，现在可被用来共同奠定人格完整性的新基础。无独有偶，诗人里尔克也曾经建议道：

> 如果我们以这个原则（它建议我们必须在困难面前迎难而上）来安排我们的生活，那么现在仍然在我们看来最为陌生的东西将变成我们最为信任，且表现最为忠诚的东西。我们如何能够忘记那些蒙昧初开时的古老神话，那些关于巨龙在最后一刻变成公主的神话；或许我们生活中的所有巨龙其实都是曾经美丽和勇敢的公主，只是在等待我们的到来。或许每一样恐怖之物在其最深处都是某种想要从我们这里得到帮助的无助之物。[3]

荣格认为，我们人格中被拒绝的部分常常被投射到其他人身上，并在自己的睡梦中得到象征性呈现，体现为怪物、巨龙、恶魔等。荣格将这些象征性形象称为"阴影"。阴影人物出现在睡梦中，这表明对于真实我的自我模型是不完整的。而当自我有意地接纳阴影时，它就朝完整性和健康的心理机能更迈进了一步。

愿意对自己睡梦中的各种阴影元素负起责任，其重要性在困扰清醒梦研究先驱望·霭覃的梦中生活的那些麻烦中得到了很好说明。"在一个美好的清醒梦中，"他写道，"我掠过广阔无垠的景致，碧空如洗，阳光明媚，让人深感欢喜和感激，我情不自禁想要放声倾诉自己的感恩和虔诚之情。"[4] 但望·霭覃发现，不幸的是，这些令人心生虔诚的清醒梦常常后面跟着一些他所谓的"恶魔梦境"，在其中，他常常被一些头上长角的恶魔，一些他所谓的"道德水平极低的智能生物"所嘲弄、骚扰和攻击。[5]

荣格很有可能会将望·霭覃的恶魔梦境视为一种补偿措施，一种对于他自我的自以为是和廉价虔诚所导致的心智不平衡的纠正尝试。或者借用尼采的说法，"如果一棵树上达天堂，它的根就要下抵地狱"。不管怎样，望·霭覃都无法让自己相信，正是他自己的心智需要为"梦中生活里的所有这些恐怖和错误"负责。[6] 由于他无法理解这一点，他也就始终无法做到让自己摆脱这些"恶魔梦境"。事实上，他应该接纳它们作为自己的一部分，而不是拒绝对自己的心魔负起应负的责任。

那么一个人要如何接纳睡梦中的阴影人物呢？方法有很多，而它们都涉及与自己的阴暗面建立起一种更为和谐的关系。一种在第十章提到过的方法是，与阴影人物展开一段友好的对话。[7] 这会对你在睡梦中（或者在醒时生活中）遇到的大多数人都产生积极影响，并且可能在用于具有威胁性的梦中人物时产生出人意料的效果。不要屠杀你的梦中巨龙，而是要与它们交朋友。

保罗·托莱的对话方法的效果，可以在 G. 斯科特·斯帕罗所报告的一个案例中得到很好说明。斯帕罗解释道,下面这个某位年轻女性所做的睡梦是"她长久以来所遭受的一系列梦魇的其中之一;在这些梦魇中,她一次又一次地试图摆脱一个具有侵略性的、心智有点不正常的男人。这个梦是她第一次在这些梦魇中清醒过来,并且正如我们可能料想到的,它也是这一系列梦魇的最后一个"。

> 我身处一座城市的一个阴暗、贫穷的区域。一个年轻男人开始在一条巷弄里追逐我。我奔跑了一段看上去很长的梦中时间。然后我意识到自己在做梦,也意识到自己梦中生活的大部分时间都花在摆脱这些男性追逐者上了。我对自己说:"有什么我能帮你吗?"他变得非常友好,对我敞开胸怀说:"是的,我的朋友和我需要帮助。"我来到他们的公寓,跟他们谈论他们的问题,我对他们俩深感同情。[8]

要记住,就像美,恶也因人而异。正如波斯苏菲派诗人萨纳伊在八百年前就注意到的:

> 如果你想要镜子映照出你的脸庞,请将镜子拿正,并将它擦拭光亮;就算太阳不吝惜其光芒,在雾里看它,它看起来也只是像玻璃;而即便比天使还英俊的生物,映照在一把匕首上,也仿佛拥有恶魔般的面孔。[9]

只要你的思维被恐惧、贪婪、愤怒、骄傲、偏见和错误假设所扭曲，你就无法分辨出你的意识所映照出来的原本是什么。如果你的心智跟游乐园里的哈哈镜一样，那么如果在你的睡梦中，天使看上去像恶魔，你也不要感到惊讶。因此，你最好做出最乐观的假设。当你在清醒梦中遇见一只怪物时，真诚地跟它打招呼，就像跟久别的老友一样，那么它也就会变成你久别的老友。加里·拉森在一集《远端》卡通画中就刻画了这种恰当的应对方法：两位老太太透过窗户看到一只"来自本我的怪物"站在她们紧锁的大门前。其中更睿智的一位说："冷静点，埃德娜……确实，这是某种又大又丑的昆虫……但它也有可能是某种需要帮助的又大又丑的昆虫。"[10]

你也可以不通过与阴影人物交谈就能与它们达成和解。如果你能在内心深处真诚地爱你的梦中敌人，它们就会变成你的朋友。充满爱意地去拥抱和接纳那些被拒绝、被放逐的，从而象征性地将阴影整合进你对于真实我的模型中，这一点也在我自己的一个睡梦中得到了体现：我发现自己身处一场教室里的暴动中。一帮三四十人的暴徒正在把这个地方弄得天翻地覆。他们把椅子和人扔出窗户，相互揪打在一起，并乱喊乱叫，大声喧哗；简言之，这里发生的事情就像某些年级的小学生在老师暂时离开教室时可能会做的。带头的是一个长着麻子脸、身材高大、令人厌恶的野蛮人，他一把将我牢牢抓住，我苦苦挣扎却挣脱不了。然后我意识到自己在做梦，并在转念之间记起过往的经验教训。

我停止了挣扎，因为我知道这是在与我自己做斗争。我寻思道，这个野蛮人是我的某种内心挣扎的一个梦中化身。又或者它或许代表了我不喜欢的某个人或某项特质。不管怎样，这个野蛮人就是货真价实的一个阴影人物。过往经验已经表明，至少在梦境中，终结仇恨和冲突的最好方法是爱敌人如爱自己。我意识到，自己需要做的是毫无保留地张开双臂接纳这个我一直试图排斥的阴影。

所以在我跟这个阴影野蛮人面对面时，我试着心怀爱意。我一开始做不到，只是感到恶心厌恶。我的本能反应是，它又丑陋又野蛮，让我怎么也爱不起来。我下定决心要克服第一印象，并在内心深处发掘爱意。最终我找到了。我直视野蛮人的双眼，相信我的直觉会帮助我说出正确的话。美丽的接纳之语从我口中流出，而在说话的时候，我的阴影与我融为一体。暴动早已消失，不留下一丝痕迹，梦境也开始消退，然后我醒了过来，感到出奇的平静。

寻找成长的机会

我在意识到一切太过荒谬时清醒了过来：一场游泳比赛即将开始，而我正游过一间更衣室里铺着地毯的地面。我欣喜于自己清醒过来，并打算飞出房间，来到室外。但接着我想到自己想要在睡梦中面对和解决问题的目标。环顾四周，我问自己这里是否存在一个需要解决的问题。我的目光最终落在了一个女人身上，在醒时生活中我一直对她很是厌恶。我想到，这样的强烈厌恶感其实没有什么正当来由，而很有可能是源自于她代表了某种我想让自己舍弃的东西。所以我来到她的身前，握住她的手，并注视她的双眼。我在自己内心深处寻找温柔的感觉，并将之投射到她身上。她的面容变成了一个年轻、无助、羞涩的女孩的面容。我感到对她充满同情。这时我醒了过来，并意识到自己现在明白了为什么她的行为让我厌恶。我也明白了那种驱动她这样行事的恐惧感也是我自己的一部分。

（加利福尼亚州帕洛阿尔托的 C.L.）

在现实中，我很怕水，所以游泳是我可以在清醒梦中尝试的可能选择之一。在睡梦中，我正身处自家后院，并很快意识到自己在做梦。我想到游泳应该会很有趣。念头刚落，我周围就出现了水。我游了几百米，并尝试了各种泳姿。我开始在齐胸深的水中站起来，并开始感到害怕。我提醒自己，在睡梦中没有什么好怕的。我立刻感到舒服自在，这时我注意到水已经消失了，于是我走回到了房中。

（宾夕法尼亚州威洛斯特里特的 L.B.）

我身处高中的一个过道里。我不知道自己为什么会在这里，但我想着自己应该下楼前往地下一层，找到体育馆。我刚走进电梯，电梯门就砰的一声关上了。然后按钮也没有反应。我注意到有一个按钮停在地下二层，一个停在地下一层。我害怕地下二层，于是设法让电梯停在了地下一层。我发现那里有一个水池，但它是在一个又大又黑的房间里。然后不知怎么地，我知道自己在做梦。我思考着接下来要做什么。我想起托莱的文章，并认为应该去寻找最黑暗和最底下的。我发现自己很害怕做这个。然而，我意识到自己喜欢自我整合的概念。所以我决定前往地下二层。我来到楼梯口，坐着往下探视。下面昏暗不明，十分可怕。我不禁好奇自己害怕发现什么。我走到下面，不安地四下张望。一个人也没有，也没有一样活物。它看上去是一个通往许多实验室房间的过道。我飞着穿过过道，发出的声响在过道里回荡，听上去就像令人毛骨悚然的鬼哭声。我心想自己算是知道当鬼是什么感觉了。我看到在衣物柜的顶上有两面镜子，于是我飞高一点，在镜子里查看自己赤裸的身子，并专心致志地变换姿势，以找到一个欣赏自己的最佳角度。这时我被一个持枪的黑发女子打断了。在她拿枪对着我时，我躺着飘在空中。她将枪对着我的裆部，我不免觉得有点好笑。显然她认为我应该感到害怕。我对她说："向我开枪啊，宝贝！"有那么一瞬间，我害怕要是她真的开枪了，我会产生什么样的感觉。但接着她吻了我。她仍然很愤怒，但她又吻了我一下，直到我认为自己已经说服她不要拿枪对着我，而是要吻我。然后她说道："去睡吧。"我闭上了眼睛，醒了过来。

（加利福尼亚州雷德伍德城的 A.L.）

我在小学三年级时做了这个梦……在街道的对面，我看到的不是通常的一排房子，而是各式各样硕大美丽的花朵，就像《爱丽丝梦游仙境》中的一个场景。它们真的非常美丽，我呆呆地站在那里，赞叹不已，然后突然之间，我得到了这个惊人的领悟：所有这一切都是我的梦。这是我的梦，因而我可以控制它的走向，并且不论发生了什么，我始终掌控一切：没有任何东西可以伤害我！任何事情，只要我想要它发生，它就会发生。所以我看着这些美丽的花朵，决定试一下身手。"你们这些美丽的花朵，"我在心里告诉自己，"你们觉得自己很不错，是不是？那好，你们就都变成恐怖丑陋的食人植物吧！"有那么片刻的停顿，然后突然之间，整个场景从彩色变成了黑白，那些花朵也确实变成了恐怖丑陋的食人植物。于是我的面前是一排样子古怪、流着口水、恐怖骇人的生物，都朝我龇牙咧嘴。我震惊于这确实奏效了，甚至也感到有点害怕。但接着我记起了这是我的睡梦，没有东西可以伤害我——哪怕是眼前的这些可怕生物。我决定挑战一下；尽管仍然有点忧虑，我还是迎面走向了食人植物的利齿。就在我这样做时，它们全都消失了，我也醒了过来。从那以后，我总是能够控制自己的梦境，哪怕它们变得太过吓人或太过强烈。

（加利福尼亚州马林的 B.G.）

"如果你感到生活缺乏挑战，去买一头山羊吧"，有句东方谚语这样建议道。[11] 除了这个显而易见的告诫，即山羊很麻烦，这句话其实还蕴含了一个更深刻的意义。我们可以通过学会处理各种难题而获得在智慧和内在力量上的成长。具有挑战性的经验迫使我们思考自己到底是谁，以及什么是真正重要的。而一旦我们感到志得意满，不需要面对任何冲突或两难困境，我们也就没有需要去思考这些。伟大的苏菲派导师就曾经这样写道：

> 至高的真理将冷和热、悲伤和痛苦、财富和身体的恐怖和脆弱强加于我们，使得我们最内在存在的财富得以显露出来。[12]

乍听上去可能难以接受，但我们最糟糕的经验可以成为我们最好的朋友。就像里尔克在之前引用的话中所说的，如果我们勇于面对困难，不逃避麻烦，整个世界都可以成为我们的盟友。

因此，我们建议，你可以通过在清醒梦中主动寻找难题，然后面对和克服它们而获益良多。至少，在面对一种无可逃避的恐惧时（比如，一个追逐者或一只具有攻击性的怪物），你应该停留在睡梦中，并运用本书给出的一些方法解决这个冲突。下一步，如果在你的梦境中有任何东西让你感到不适，你可以把它的存在视为深入调查这个问题的一个机会，并看看自己是否能够解决或接纳你所排斥的那样东西。

至于那些更具冒险精神，或更致力于追求个人完整性的人，他们可以有意地在自己的清醒梦中"自找麻烦"。这意味着在梦境中主动寻找那些让自己感到害怕或厌恶的东西。心理学家保罗·托莱就在一个运用做清醒梦促进自我治疗的研究中向受试者建议了这个方法。他引用了德国心理学家弗里茨·金克尔的说法，认为"治疗的真正方法"是找寻"无意识的狂吠之犬"，并与它们和解。在金克尔看来，情绪的平衡只能通过这个过程达成。[13]

  托莱向他的受试者建议了多种方法，去在睡梦中找寻隐藏的"狂吠之犬"。这些方法包括从亮处进入暗处、从高处来到低处、从现在回到过去等。这也说得通，尤其是考虑到我们倾向于将黑暗、深邃的地方与恐惧和邪恶联系在一起，而童年一般被认为比成年包含更多的恐惧。

  很明显，通过在清醒梦中与具有威胁性的人物和情境达成和解，参与托莱的自我治疗研究的受试者受益良多。在62名受试者中，有三分之二的人运用做清醒梦解决了自身生活中的某个问题或冲突。这个过程也改善了他们醒时生活的一般品质。许多人感到较少焦虑而情绪更为平衡，感到心态更为开放，也更具创造性。然而，如果受试者忘记指示，从一个具有威胁性的人物前面逃走，负面的结果偶尔也会发生，具体体现为焦虑或沮丧增加。

  托莱在进一步分析自己的发现后得出结论：勇敢面对睡梦中让人害怕的情境可以增强人们在醒时生活中灵活应对具有挑战性的情境的自立性和能力。或者换用本书的说法，托莱的受试者由于学会了处理睡梦中的难题而变得更具适应性，不论是对于他们的内在世界，还是对于外部世界。

  下面这个练习将引导你努力让你与自己的个人焦虑和难题和解。如果你想要尝试这个练习，有一点很重要，你需要在觉醒时牢牢确立想要这样做的意向。不然的话，你可能会发现，在睡梦中情绪高度紧张的状况下，你可能会缺少意志力去面对自己的恐惧。

练习 37 寻找自我整合的机会

1. 确立你的意向

在觉醒时下定决心,要在下次在睡梦中变清醒时,有意去寻找一个问题:某种让你害怕、厌恶或不安的东西。告诉自己,你会勇敢地、公开地面对难题,直到你可以接纳它或不再害怕它。把你的意向概括成容易上口的一句话,比如"今晚我将在睡梦中公开地面对一个恐惧"。重复这个说法,直到你的意向牢牢确立。

2. 诱导清醒梦

运用你喜欢的方法(参见第三章和第四章)诱导出一个清醒梦。

3. 在睡梦中寻找问题

当你意识到自己在做梦时,重复你的意向说法。环顾四周,看看是否有东西在你看来是成问题的。有什么东西或人物是你想要避开的吗?如果没有,寻找一个你觉得可能存在问题的地方。比如,进入地下室、洞穴或黑暗的森林,或找到某个你童年时的恐怖之处。在这些令人恐惧或不安的地方,你更有可能找到问题。

4. 面对难题

有意接近你所选取的问题人物、事物或情境。保持开放的态度,并问自己为什么这样东西会困扰你。如果这是一个梦中人物,不妨与它展开对话(练习35)。试着与问题人物和解,或接纳令人恐惧或厌恶的事物。告诉自己你能处理好它。不要转身背对它,除非你已经对它的存在感到自在。自言自语可能会有帮助,因为这可以帮助你集中精神。比如,你可以对自己说:"不要紧的。我可以处理好这件事。你看,它没有伤害我。不知道是它可以为我所用,还是我可以帮助到它呢?"

5. **用快乐的事情奖赏自己**

在解决掉这个问题，或它已经消失后，在清醒梦中尽情享受一番你喜欢做的快乐之事。这是对于你勇敢面对难题的奖励，也会让你想要下次再做一次。如果你在抵达这一步之前就醒来了，不妨在觉醒时奖励自己某样尤其喜欢的东西。

放手：完成未竟之事

当我的祖母在数年前过世时，我郁郁寡欢了好几个月。她长久以来是我的灵感来源和艺术导师。我一直跟她关系紧密，但直到她过世后，我才意识到有那么紧密。当时似乎没有什么东西可以帮助我走出来。

我的丈夫跟我提起了我做清醒梦的能力。我之前曾经梦到过她，所以他提议说，我可以将再次见到她作为一个梦征。我决定就这样办了，因为一旦清醒过来，我就可以问她人在哪里、过得好不好，并再次告诉她我有多么爱她，以及她给我留下了多大的艺术遗产。

但下次她出现在我的梦中时，我太过伤心，都记不起要意识到自己在做梦的意向，所以我的计划进行不下去。

几天后，我再次梦到她。这次我事先做好了准备，在过去几天一直告诉自己说，"如果我梦见奶奶，我会记起这是一个梦"。这回我确实清醒了过来。我清楚知道这是一个梦，但她看上去仍然如此真实生动,就仿佛她还活着一般。当我问她过得好不好时,她有点绝望地回答道:"哦,亲爱的,我不知道……我似乎不知道自己在哪里。"这个梦既让我感到开心,因为我再次跟她说上话了,也让我感到忧虑,因为她看上去如此不安。当然,许多问题相继脱口而出:她是否真的去了"远方"?抑或这只是我的想象?我不确定该怎样想,所以我热切地想要再次跟她说上话。

两周后,我再次梦见她,并随即意识到自己在做梦。我问她人在哪里、过得怎样。她说,"我不再感到这样的不心安,劳丽",并说了某些我不是很理解的东西,像是相当快乐地存在于"远方"。我久久地抱住她,并努力不让自己放声大哭。我告诉她我有多么爱她,并会永远爱它,告诉她当初正是在她的鼓励下,我才开始跳舞,也告诉她她会永远陪伴在我身边。在睡梦中,她看上去跟生前一模一样,面孔美丽祥和。然后我安心地醒来了。

或许我真的在跟她的灵魂沟通,又或许我只是单纯在与自己的内心交谈。我不知道。我只知道,在做过这两个梦后,我心里的某种东西放下了;我感到自己触碰到了祖母的某个部分,并说了一些我一直想跟她说的话。在做了这些梦后,我很快从哀伤中走了出来。

(加利福尼亚州波托拉瓦利的 L.C.)

我在三十岁时与交往了九年的男友分手了。这对我来说是一段非常艰难的时间,尤其是他在短短一年后就结婚时,我更觉日子难过。在经过一连串非清醒梦后,我开始接受他已经娶了别人的事实——我在梦中见过了他的妻子、他妻子的亲戚,也见过他们在一起的情景。与此相关的最后几个梦中有一个是清醒梦。它大概是这样的:

　　我梦见我见到了K和他的妻子,只是这次他邀请我到他家,跟他的朋友和妹妹一起吃晚餐。我记得我注意到K和他的妻子看上去相处得很好,跟他和我在一起时完全不一样。我不免感到一阵哀伤,但整体来看,我感到一切都还好。他们对我非常好,也喜欢我的陪伴。在聚会结束,我离开他家时,我突然想要再次谢谢他们的款待。我有想到第二天再打电话致谢,但接着我意识到,等到早上,我就联系不上他们了,因为到时我会在"醒时现实"中,无法打电话给这些梦中人物。我决定走回去,留下一个便条。就在这时,他们走出房子,并看到了我。我跟他们解释说,我想要再次谢谢他们,尤其是他的妻子,她对我如此友好。我解释说,他们其实是我的梦中人物,但在我看来,他们看上去非常真实。我希望我的一部分真的跟他们的一部分在某个层次上见了面,尽管我意识到他们在醒时世界中永远不会记起这次见面。他们笑着对我说,他们完全理解,并感到,不管"外部"世界会记住些什么,他们的一部分已经跟我相处过。我在不久后醒来,并感到相当高兴和宽慰,感到我们的分手最终是件好事。

(马萨诸塞州阿灵顿的B.O.)

　　最近,我做了一个非常令人宽慰的梦。我梦见我一年前刚过世的父亲一大清早来到我的床边,告诉我该起床了——就像他在我小时候所做的。在睡梦中，他没有跟我说一句话，但我们其实一直在沟通。他走进我的房间，叫我赶快起床。然后他在我家的各个房间里走动。他对我表示，一切看上去不错——有些事情需要处理，但其中没有什么是我无法解决的。他也对我表示，尽管他的人不在我的身边，但他的心将永远与我同在。然后他走过来，坐在我的床边，握着我的手。我不断对他说"谢谢"，并在醒来时感到他真的曾经跟我在一起。在做梦时，我其实知道自己在做梦，但我当时不会用任何方式干涉这个梦。

（田纳西州诺克斯维尔的 J.A.）

我的父亲在今年夏天因癌症去世，而我做了一系列梦，在其中，我知道自己在做梦，并坚决不想要醒来，因为我在跟父亲说话，再次告诉他我爱他，但父亲坚持要我醒来，并接受他一切安好，他需要展开他自己的漫长旅程的事实。在一个梦中，我最终在车站上送别他，并为他赶上了火车而松口气：他说再见说了那么久，差点没有赶上转车，误了他的美好假期。这个梦也是这一系列梦中的最后一个。

（马萨诸塞州弗雷明汉的 C.M.）

在我二十三岁时，我们从佛罗里达州搬到了华盛顿州，离开了一些家人，包括病重的祖父。在我们搬进新家一周后，祖父过世了。我跟他非常亲近，我在六岁后就是由他抚养长大的。我飞回老家奔丧，感到起初自己就不应该离开他。两周后，我回到了新家。

此后大概一个月,我做了一个很棒的梦。我梦见自己当初留在了佛罗里达,并在他快去世前,将他带回家,跟我们住在一起。我照顾他,就仿佛他只是在睡觉。这时,我意识到这是一个梦,并在醒来后发现自己在哭泣。我的枕头都湿透了。然而,我想要这个梦继续。在重新入睡后,我发现自己在他的房间里,并意识到自己在继续之前的梦境。他非常冷静地开始告诉我他爱我,告诉我他一切安好,并告诉我现在我可以离开他,与我的家人一起过我自己的生活了。说完,他又回到了他的睡眠状态。醒来后,我意识到自己已经开始接受他的去世了。

(华盛顿州亚科尔特的 L.L.)

在清醒梦中寻找并解决难题,可以帮助你达到更好的情绪平衡,并增强处理生活中的问题的能力。它可能帮助你解决一些你没有意识到,却时刻在限制你的幸福的问题。做清醒梦也可被用来有意识地解决人们清楚意识到的具体难题。人际关系常常是人们不得不面对的一些最为棘手的问题的根源。在许多情况下,我们无法与其他当事人共同解决问题,而只能靠自己的力量。这样一些问题属于内在适应不良的范畴,因为它们无法通过改变自身与世界的互动关系而加以解决。而正如前面的例子所显示的,做清醒梦可以帮助人们完成自己与家人和友人在情感上的未竟之事。

当一段重要的情感关系结束时,人们常常发现这段关系留下了一些未解决的问题,而它们给自己带来了焦虑,甚至可能影响到后来的情感关系。但在醒时生活中，你不可能向已经过世的父亲倾诉自己在他生前没有说出口的话。在醒时生活中，走遍天涯海角找到一位老朋友，并跟他讨论未解决的问题，常常也是不太实际的。

然而，在清醒梦中，你就有可能解决这些问题。当然，缺席的当事人其实并不在那里，但对方在你自己心智中的表征是在场的。这就足够的，毕竟你需要解决的是你自己的内心冲突。睡梦不会使死者复生。但正如前面的例子所表明的，在清醒梦中与死者相遇的场景足够真实，足以让我们感到自己确实与他们再次相会，并且他们也确实继续活在我们心中。正如鲁米的墓志铭提醒我们的："当我们死去时，不要在大地上，而要在人们的心中，寻找我们的墓地。"[14]

托莱曾经研究过运用做清醒梦来解决这样一些情感关系上的未竟之事。[15] 他的结论是，通过在清醒梦中与自己人生中重要人物的内在表征展开和解对话，就有可能解决这些问题。

专念与心智灵活性

我正滑行在一条白雪覆盖的乡村道路上，但不是乘坐雪橇，而是肚子贴地滑行。道路两旁都是茂盛的森林和硕大的岩石。道路陡峭曲折，我的滑行速度非常快，让人不禁担心随时可能撞向树木或石头。在滑行时，我对自己说："这是一个梦，所以即便我真的撞上了，我不会受到伤害，那么又有什么好担心呢？"我驱使自己以一个极快的速度滑行在这条危险的道路上，结果只发现自己度过了一段快乐的时光。我实际上控制了整个梦境，因为我知道这只是一个梦，怎么做都不会有危险。

（马萨诸塞州奇科皮的 K.H.）

睡梦中的清醒状态可以大大增强你的心智灵活性，让你更容易控制梦境中的任何挑战。而在睡梦中切身体会到灵活应对是怎么一回事，了解到信任自己随机应变的能力是怎样一种感觉，这可以成为你在醒时生活中的一笔宝贵财富。灵活性可以帮助你选择最合适的行为来得到你想得到的，并做到与周围世界和谐共处。事实上，创造性地进行应对可能是你唯一的可能选择。你不总是能够让其他人以符合你的心意的方式行事。但你总是可以创造性地调整自己的思维框架，灵活地控制自己的行为，专注地创造出多个视角，并优化你的视野。

哈佛大学心理学家埃伦·兰格曾经研究过相对的两种心智模式：专念（mindfulness）与潜念（mindlessness）。[16] 专念是这样一种专注的觉察状态，即人们在从事做出新的区分、建构新的范畴等活动时，来自周围环境的信息被有意识地加以控制和操弄。

反过来，潜念是这样一种弱化的觉察状态，这时人们以一种自动的方式处理来自周围环境的信息。他们仰赖惯常的范畴和区分，而没有注意到信息当中可能存在的新鲜层面，从而导致一种循规蹈矩、墨守成规的行为。兰格的研究表明，"大多数我们以为是专注进行的行为其实是做得相当不用心的；除非没有成熟的程序可供遵循，或者需要做出花费努力的行为，人们可能只会处理最少量的信息来度过每一天"。[17] 比如，在一个研究中，一些准备使用复印机的人会被询问是否可以让另一个人先用一下机器。询问的方式多种多样，这里我们只看其中最有趣的两种：(A) "不好意思，我有五页纸，能让我先用一下复印机吗？" (B) "不好意思，我有五页纸，能让我先用一下复印机吗？因为我需要复印几份。"以方式 A 询问，60% 的被询问者同意帮忙，但以方式 B 询问，93%的人表示同意。[18] 在方式 B 的情况下，人们看上去是因为得到了一个理由而愿意放弃自己的优先位置。尽管这个"理由"是空洞的，他们还是不假思索地做出了应对。

在普通的睡梦中，我们的心智功能常常表现出惊人的潜念特征；这也是为什么我们会未能注意到并正确解读梦境中最荒诞不经的异常现象。反过来，在清醒梦中，我们的心智功能则表现出专念的特征。

对于自己可以影响世界的程度的预期，人们已经分成两派。一派将控制权放到自己身上（求诸内派），另一派则将它放到外部世界上（求诸外派）。求诸内派相信自己的行为会对事件产生显著影响。他们在与世界互动时表现出灵活性，因为他们相信他们可以通过改变自己的行为来影响自己生活的走向。求诸外派则不相信自己的行为会对事件的走向产生多少影响；他们认为，自己生活中的大部分事件是由运气、命运或其他超出自己控制的外部影响和力量所决定的。如果你也是这样想的，不妨思考一下这句话：

两个人望向铁窗外,一个人看到了烂泥,另一个人看到了星星。[19]

经过适当练习,做清醒梦可以帮助你在任何状况下看到"星星",帮助你专注地寻找一条更好的做事方式,帮助你成为自己命运的主动塑造者,并帮助你将对于控制权的预期从外部移到内部。我们的外部世界鲜少可为我们所掌控,但我们的"内在世界"原则上可被形塑成任何我们想要的现实。通过采取一种灵活的态度,我们可以增强自己以这样一种方式行事的能力,使得我们可以在无穷多的可能现实中找到对自己最有用、最具回报的那些。

埃伦·兰格的研究表明,"专念,这种对于生活经验的创造性的、整合性的掌控,可以直接改善健康和延长寿命,或通过增强对于适应性应对的觉察而间接做到如此"。[20] 如果真是这样的话,再鉴于专念与做清醒梦之间的联系,这可能正是做清醒梦可以改善健康的诸多方式之一。下一节将说明做清醒梦甚至可能促进身体治疗。

疗愈心理,也治愈身体

我在1979年弄伤了自己的脚。作为一名舞者,我无法承受失业之苦,也不想三个月不动自己的脚。医生说,在至少六个月内,我最好不要想跳舞的事情。所以每天晚上,我都试着梦到自己受伤那天的舞蹈排练，直到我可以在睡梦中调整那个曾经导致我以错误方式落地的舞蹈动作。我尝试了很多次，但最终在睡梦中，动作不再错误，事故不再发生，然后我试着把它牢牢记住。这样做了三周后，我开始使用受伤的脚进行舞蹈。三个月后，我到医生那里复诊，并且没有告诉他自己一直在跳舞。他说我的脚恢复得很好，并让我继续避免用到它。

（加利福尼亚州洛杉矶的 D.M.）

1970 年，我在乘坐摩托车时被一辆汽车撞上。我的腿断了，胆囊也受了伤。我的胆囊于是被紧急切除了。手术后几天，在住院恢复时，我做了一个梦，梦见自己身体健全，正漂浮在病房里。我看见自己的身体躺在病床上，一条腿打着石膏，略微吊起，并且每个孔窍上插着各式各样的导管。我盘桓在自己的身体上方，时而感受到自己伤口的疼痛，时而又感受到自己梦中身体的健康感觉以及它可以在室内飞来飞去的非凡能力。我决定在睡梦状态下将这种健康的感觉赋予我的物理身体。我告诉我的物理身体我爱它，告诉它它会好起来。那天我醒来后，我得以停用止痛药，并拔去所有导管。第二次，我就能够说服工作人员自己可以开始拄着拐杖下地了。

（华盛顿州斯波坎的 R.B.）

上面这些例子表明，做清醒梦不仅对心理治疗有帮助，对身体治疗可能也有帮助。尽管这是对于做清醒梦的可能应用的最大胆推测之一，但轶事型证据和理论证据都支持这种可能性。将睡梦用于身体治疗在古代普遍存在。病人会在医神的神庙中睡觉，试图梦到能够治愈自己或至少提供诊断和提示疗法的睡梦。当然，我们现在没有办法评判这些古代论断的真实性。

大多数人都假设，睡眠和做梦的一个主要功能是休息和修复身体。这种广为流传的认知已经得到一些研究的支持。对人类而言，身体运动会导致更多睡眠，尤其是 δ 睡眠。而可以促进儿童生长和应激组织修复的生长激素就是在 δ 睡眠期间释放的。另一方面，心理练习或情绪应激看上去也会导致 REM 睡眠和做梦增多。

健康通常被定义为一种身体机能正常运作，没有生病和身体异常的状态。本章开头则提出了一种更宽泛的健康定义，将之视为一种对于生活中的种种挑战能够做出适应性应对的状态。"适应性"意味着，在最低限度上，在解决具有挑战性的情境的过程中，应对必须以不破坏个人完整性的方式做出。

健康不只是无病无痛那么简单，而是某种更具活力的状态。比如，如果我们无法妥善应对一个新状况，那么学会一些更具适应性的行为无疑将让我们变得更为健康。这样一些心理成长将让我们在不断面对生活中的挑战时准备得越来越充分。

人类是一些极为复杂的、多层次的、活生生的系统。正如我在《做清醒梦》中所写的：

> 尽管有点过度简单化，但将人之为人的各种因素分成三个主要层次（生物的、心理的，以及社会的）可能会有帮助。它们分别

反映了构成我们的同一性的三个部分，即身体、心智，以及作为社会的成员。每个层次都或多或少影响到另外两个层次。比如，你的血糖水平（生物层次）影响到眼前的那盘饼干对你的吸引力（心理层次），或许甚至影响到你是否要悄悄偷取一块（社会层次）。另一方面，你接受社会规范的程度也影响到你这样做时的愧疚程度。所以饼干对你的吸引力（心理层次）取决于你的饥饿程度（生物层次）以及是否身旁有人（社会层次）。由于这种三层次的结构，我们可以将人类视为一些"生物－心理－社会"系统。[21]

在睡觉时，我们从来自环境的种种挑战中相对抽身出来。在这种状态下，我们得以将能量集中用于恢复健康上——也就是说，恢复能够做出适应性应对的能力上。睡眠的治疗过程是整体性的，会发生在这个生物－心理－社会系统的所有层次上。对于较高的心理层次的治疗过程，很有可能通常是在 REM 睡眠阶段完成的。然而，由于适应不良的心态和习惯的缘故，睡梦并不总是能够妥当地完成这项功能，就像我们在梦魇中所看到的。

作为一种形式的心理意象，清醒梦与白日梦、入睡前幻觉、苏醒前幻觉、致幻剂引发的幻觉等有关联。丹尼斯·贾菲和戴维·布雷斯勒便曾经写道："心理意象调动了一个人潜在的内在力量，而这些力量具有促进治疗和增进健康的巨大潜能。"[22] 心理意象已经被广泛用于各种治疗方法当中，从心理分析到行为矫正，再到帮助身体治疗等，不一而足。

作为一个例子，不妨让我们来看看一种已经得到深入研究的、威力强大的心理意象——催眠。人们在受催眠后所做的梦中体验到了与做清醒梦非常相似的经验。这些受催眠后的做梦者在他们的梦中几乎总是至少部分清醒的,并且在更深度的催眠状态下,他们也像清醒梦的做梦者一样体验到了栩栩如生的心理意象。

被深度催眠的受试者能够对他们的许多生理功能施加相当惊人的控制:抑制过敏反应、停止流血,以及随心所欲地麻醉自己的部分身体等。不幸的是,这些戏剧性的反应,就算是在能够进入非常深度催眠的人当中,也只有一二十之一的人能够做到。并且不像做清醒梦,这种能力看上去不是可以习得的。因此,做清醒梦具有与深度催眠相当的自我控制的潜力,却可适用于一个人口比例大得多的人群。

让我们考虑另一个将心理意象用于治疗的例子:卡尔·西蒙顿的心理干预癌症疗法。西蒙顿及其同事发现,在接受常规的放疗和化疗之外还练习与治愈相关的心理意象的晚期癌症病人,平均而言,存活时间是全国平均预期的两倍之多。[23] 不幸的是,我们尚不知道这些结果是否可复现,也不清楚这到底是怎么回事。尽管如此,它们预示了某些激动人心的可能性。

最近的研究证据支持了这样一个想法,即心理意象的生动程度决定了它对生理状况的影响程度。[24] 而每个人每天晚上都会体验到的睡梦,是大多数人在正常情况下有可能体验到的最生动逼真的心理意象。梦境如此逼真,以至于我们都难以将它们与醒时现实区分开来。因此,它们也有可能成为一种源源不断提供具有极佳治疗效果的心理意象的来源。此外,在斯坦福大学及其他地方进行的实验室研究也已经揭示出在梦中意象与生理反应之间的一种强相关关系。这一事实表明,清醒梦可能给我们提供了一个独一无二的机会去培养一种对于自己身体的高度自我控制,而这可能被证明将对自我治疗有帮助。我在1985年曾经写道:

> 由于在做梦时,我们以梦中身体的形式生成了身体意象,那么为什么我们不能够通过在清醒梦中有意识地想象自己的梦中身体处于完全健康的状态来启动自我治疗过程呢?此外,如果我们的梦中身体看上去没有处于一种完全健康的状态,我们也可以以同样的方式象征性地治愈它们。我们透过自己的研究知道,这样的事情是可以做到的。接下来是一个希望将来的清醒梦研究者能够回答的问题:"如果我们治愈了自己的梦中身体,那么在何种程度上我们也会治愈自己的物理身体呢?"[25]

五年过去了,这个问题仍然悬而未决,尚无定论。不过,还是有一些吸引人的轶事型证据:

> 我发现在清醒梦中治疗身体是可能的。我的胸口有一个肿块,而在一个清醒梦中,我在身体内部将它拆开了。它有着一个类似大教堂的穹顶结构!一周后,那个肿块消失了。
>
> (加利福尼亚州圣拉斐尔的B.P.)

> 大约一年前,我扭伤了自己的脚踝……脚变得非常肿,难以

走路。在一个睡梦中,我记得自己在跑步……然后突然之间,我意识到自己不可能用这只脚跑步,所以自己必定在做梦。在这一刻,我开始清醒过来,脚踝的疼痛也开始消失,但接着我将自己的梦中双手伸向脚踝,结果让自己在梦中摔倒了。当我握着脚踝时,我感到了一种类似电流的振动。惊喜之下,我决定在梦中乱扔一些闪电。这就是我所记得的全部了,但在我醒来后,我几乎感受不到脚踝的肿胀,并能够相当轻松地开始走路。

(伊利诺伊州芒特普罗斯佩克特的 C.P.)

当然,这些故事都是轶事。我们无从知道做清醒梦是否与所报告的这些身体改善有关。B.P. 的肿块可能原本自己就会消失,而 C.P. 扭伤的脚踝可能在那一刻原本已经即将痊愈。对于判断治疗之梦的真正潜力,受控的科学研究是唯一可靠的方法。

第十二章

人生是一个梦：一窥一个更广阔的世界

我一个人静静地站在一个房间里，这时我意识到自己在做梦。在开心地在靠近天花板的空中翻了几个筋斗后，我开始考虑接下来要做什么。我要飞到别的什么地方吗？还是要拜访某人？然后我记起自己想要探寻人生意义的意向，于是我决定将此作为目标。意识到自己更喜欢待在室外，所以我离开房间，走进厨房。我的妹妹看上去在洗碗槽边忙着做事。我停了下来，问她是否想跟我一起去飞翔。她拒绝了邀请，说她正在准备泡茶。我告诉她自己很快就回来，并在心里按捺下激动之情，因为我知道自己即将展开一次历险。

　　外面，夜色静谧，群星闪耀。我自在地躺着漂浮在空中，仰视苍穹。我注意到月亮不在那里，我猜想它已经月落西山。但我想要看到它，我心想如果我来到足够高的高度，我就应该能够做到。随即，我开始上升，但仍然维持着相同的姿势。

　　当我靠近一些高压电线时，我犹豫了，我不知道在试图穿过它们时，自己的身体会做何反应。但这个担心只持续了很短时间，因为我几乎说出声来："等等，这不是我的梦吗？这肯定不成障碍。"话声刚落，我发现自己现在要么在它们之上，要么它们消失了。我开始更快一点地上升。

这时我决定造访月亮。我将双手向前伸出,直冲云霄。速度越来越快,很快我觉察到一个圆圆的东西出现在我的双手下方。我放下双手,预期自己会看到月亮。但我看到的东西让我极为震惊:这根本不是月亮,而很清楚是地球!这是一个极其美丽的景象,一颗由白色包裹的、绿色和蓝色质地的宝石镶嵌在黑色的太空中。

震惊的感觉很快被一种兴奋的感觉所取代,我在太空中上下跳跃,拍动双手,欢喜地大声呐喊。我一直以来向往进入太空,所以我感到了一种由衷的喜悦以及一种成就感。

我变得如此兴奋,以至于我需要提醒自己冷静下来,因为我很清楚,一旦自己情绪失衡,我就会醒过来。我将注意力转移到周围的环境上:我正漂浮在一片无边无际的黑暗中,后者由于数不胜数的星星而同时显得明亮,生机勃勃。这种勃勃生机几乎让人可以听到:我感到我以自己的整个身心在"聆听",感知到了那种在密林中感受到的"震耳欲聋的寂静"。这真是一个美妙异常的地方。现在我开始远离星星和地球,它们变得越来越小,最终完全消失不见。很快,我看见了整个太阳系,然后是整个银河系,它们在和谐地移动和旋转,然后变得越来越小,逐渐消失在远处。

我再次记起此行的目的,并决定试着问一个问题。我很不确定该如何表述,并想要更多时间琢磨字词。但这个时机看上去稍纵即逝,而我不希望错过这个机会,所以我问道:"这个宇宙存在的意义是什么?"这听起来太过放肆,所以我换了一个说法,重新问道:"可否允许我了解这个宇宙存在的意义?"

回答以一种完全出乎预料的方式出现。有一样东西从黑暗中浮现出来。它看起来像某种活的分子模型或数学公式——一个由像霓虹灯管一样闪闪发亮的细线构成的极为复杂的三维结构。它将自己展开，不断复制和变化，以各种越来越复杂的结构和相互关系填满了整个宇宙。这个生长过程并不是随机的，而是一致的、有目的的；它是快速的，但同时也是不慌不忙的、坚定不移的。当它已经超出我的视力所及时，我想是时候返回日常世界了。

当我差不多快醒来时，我非常真诚地对宇宙说了一声"谢谢"，感谢这番壮观的景象。醒来时，我心中充满了惊叹、激动和愉悦，以及一种再度确认的对于宇宙的深深敬畏。这段经历让我对于宇宙的壮观和创造性力量再次感到惊叹和敬畏。我仿佛看见了连接万物的无形之关系网络——下至分子，上至浩瀚无垠的宇宙。这确实是一个让人极其感动和令人印象深刻的事件。它还让我相信，我也以某种方式成为了这个网络独一无二且必不可少的一部分——神性既在我们身外，也在我们体内。

（加利福尼亚州旧金山的 P.K.）

我知道自己在做梦，并发现自己身处一片无边的虚空中，不再是一个"我"，而是一个"我们"。这个"我们"是一个在黑暗中散发纯光的球体。我是这个存在之太阳的外层的众多意识中心中的一个。这个太阳是一个能量、意识和思想的有机集合。各个意识可以相互独立地进行工作，但同时我们步调一致，就仿佛合而为一，集合小我而成为一个大我。

我没有身体或灵魂。我们只是能量和全知的意识。我们相互补充，完美契合。

我相信当时还有一个音调，其振动传遍银河系，但我现在记不起来了。后来在梦境中，我/我们在虚空中创造出一个矩形——一道生命之门。我们在其中创造出不同的自然场景，我也进入其中，化身人形，体验这些场景。它们总共大约有十个。在这个过程中，我的意识并没有单独分开，我们仍然合而为一，尽管里面有不同的意识结点。在这一切进行时，我都是非常清醒的。

（加利福尼亚州惠蒂尔的 C.C.）

差不多一年前，我正在研究东方宗教，尤其是佛教、耆那教和印度教。在那个时期，我做过一个清醒梦；在其中，我经历了一次我相信是所谓"湿婆之舞"的体验。我梦见一尊历经风吹雨打的印度教神像。当我看着它时，我的整个视野开始变模糊，就像在信号很糟时，电视机上出现的"雪花"画面一样。我当时心想，这或许是因为我的视网膜脱落了。

然后我意识到自己在做梦，而我所感知到的正是宇宙中蕴含的原初能量。我深深感到自己与周围的一切相互连接在一起。我似乎重新发现了永恒。不是时间停止了，就是我已经跳脱在时间之外。

（田纳西州克拉克斯维尔的 T.D.）

最后的现象是光明普照。这道光只有在我做清醒梦时才会出现,但它明显不是由我自己的行为所引发的。它在我处在黑暗当中,或身处一个重要房间,又或参与宗教活动时才会出现。它通常像太阳一样出现,从我的头顶往下移动,直到我的视野里全是明亮的光线。这当中始终没有任何形象。我觉察到神的降临,不由感到极大的喜悦。只要我将注意力放在光上,我就渐渐失去对于我的梦中身体的觉察。

在神降临时失去对于自我以及自身梦中形象的觉察,也就意味着我体验到了某种超验的体验。不管该作何解释,这些就是我的经验。光明普照、神的降临、逐渐失去对于自我的觉察、喜悦(往往被称为极乐)以及情不自禁的顺服,这些都是神秘主义文献里常常提到的现象。我的这些经验则一直以来只在清醒梦中才会出现。[1]

"什么样无穷无尽的问题在困扰着思维,包括从哪来,到哪去,在什么时候,以什么方式?"理查德·弗朗西斯·伯顿爵士在长诗《盖绥达》中这样写道。[2]自从蒙昧初开,对于"为什么我在这里?"的问题,一代代会反思的个体已经问过无数与之相关的变体。而他们得到的回答也各不相同,并且这样的回答很少诉诸文字。

类似地,当做梦者基林在前面所述的一个清醒梦中询问"可否允许我了解这个宇宙存在的意义?"时,她得到的回答是一个无穷复杂的、活的数学公式,远超过她的头脑所能理解的范围。有人可能将这个回答视为等同于说"你不可以"。然而,头脑可能并不是**理解**"人生意义"的恰当器官。

彼得·布伦特便在一篇讨论苏菲派教育实践的文章中这样写道：

> 至少在某种程度上，我们正是通过用以理解它的感官，创造出了我们所觉察到的东西。如果你把一本哲学书放到一条狗面前，它会用鼻子闻一闻，以便确定那是什么东西。它会有一系列范畴（食物／非食物，狗／非狗，等等），作为自己评判这些气味的标准。因此，它很快会对那本书失去兴趣。这并不是因为其嗅觉存在缺陷，而是因为其能力、本能和经验迫使它使用了一个错误的感官来执行任务。同样地，鉴于我们所用的感官，我们感知世界的方式可能并不恰当；它可能根本牛头不对马嘴，只是因为我们使用的是错误的感官。[3]

那么什么才是我们可以用来感知人生暗藏的意义的**恰当**感官呢？布伦特暗示，那是一种形式的直觉，而其培育要求得到一位已经拥有这种能力的老师的指导。这个事实可能限制了你在未受指导的情况下运用做清醒梦可以达到的程度。

尽管如此，做清醒梦仍然可以让你浅尝无穷的滋味，一窥一个超越日常现实局限的、更广阔的世界。不管你对于灵性和自我本质的看法为什么，你都可以运用清醒梦来潜入你的人格深处，并探索你的内在世界的新疆界。

一种探索现实的工具

藏传佛教上师达唐祖古曾经说过：

> 睡梦是知识和经验的一个宝库，但作为一种探索现实的工具，它们却经常遭到忽视。[4]

一千多年来，藏传佛教徒一直将做清醒梦作为一种体验个人现实的虚妄本质的手段，并将之作为一套追求彻悟和发现自我本质的修炼方法的一部分。

苏菲派可能也将做清醒梦，或某种类似之事，用于追求灵性启迪。著名的12世纪西班牙苏菲派导师伊本·阿拉比据说曾经建议："一个人必须控制自己在睡梦中的思维。这种警觉性的训练……会对个人带来极大益处。每个人都应该让自己致力于取得这种具有极大价值的能力。"[5]

达唐祖古则这样解释了做清醒梦的益处："我们从梦中作为中所取得的经验，接着可被应用于我们日间的生活。比如，在睡梦中，我们可以学会将令人害怕的意象转变成更平和的模样。运用同样的过程，我们可以将在白天所感受到的负面情绪转化为进一步增强的觉察。这样一来，我们就可以运用我们的梦中经验，让我们的生活更具灵活性。"[6]

"经过不断练习，"他继续说道，"觉醒状态与睡梦状态在我们看来就会越来越没有什么不同。得益于一种更加敏锐的觉察，我们在醒时生活中的经验会变得更加生动和丰富……这类基于梦中练习的觉察，有助于创造出一种内在平衡。它会滋养心智，就像它滋养了万物。它会照亮之前未曾涉足的心智角落，并为我们探索现实的新维度点亮前路。"[7]

沃尔特·埃文斯-温茨的《睡梦瑜伽》一书整理了多份古代手稿，其中之一就提到，练习特定的梦境控制方法可以让人梦到任何想象得出来的东西。[8] 达唐祖古也有类似说法："高阶的瑜伽士在睡梦中可以无所不能。他们可以化身为龙或神鸟，变大、变小或消失，回到孩童时代从头来过，或甚至翱翔天宇。"[9]

这些通过控制梦境而满足愿望的可能性看上去可能已经很吸引人，但睡梦瑜伽士将目光放得更加高远。在他们看来，清醒梦代表了"一种探索现实的工具"，一个对睡梦状态（以及延伸而来的，**醒时**经验）的主观性本质进行实验并将之实现的大好机会。他们认为这样一种心造万物的体验具有最为深刻的重要性。

意识到我们对于现实的经验是主观的，而不是直接的和真实的，由此可能引出许多实践意涵。在达唐祖古看来，当我们将所有经验都视为是主观的，因而就像一个梦时，"那些将我们束缚其中的概念和自我同一性就会开始消失。而随着我们的自我同一性变得不那么死板，我们的问题就会变得轻松一些。与此同时，我们也会发展出一种更加深刻的觉察"。[10] 因此，"就连最困难的事情也会变得有趣和容易。当你意识到一切如梦似幻时，你就获得了最纯粹的觉察。而获得这种程度的觉察的方法是，意识到所有经验都如梦幻泡影"。[11]

埃文斯-温茨在《睡梦瑜伽》中给出的一个评注解释了，为了理解睡梦瑜伽，长期的练习和丰富的经验必不可少，并且为了完成这段旅程，理论和经验也缺一不可。那些成功走完这段旅程的人会一步步了解到：

1. 梦境可为意志所改变

"当一个人的心理力量通过练习瑜伽得到充分发展时，物质，或其空间（大或小）和数值（复数或单数）形态，将完全受制于他的意志。"[12] 通过殚精竭虑的实验，睡梦瑜伽士了解到，任何梦境都可以在意志作用下而被改变。大多数清醒梦做梦者也已经透过自身经验了解到这一点。也可以回想一下在第五章中讨论过的预期对于梦境内容的巨大影响。

2. 梦境是不稳定的

"下一步他会了解到，在梦境中的物质形态，以及其他所有梦境内容，都只是心智的玩物，因而如同海市蜃楼般不稳定。"[13] 经验丰富的清醒梦做梦者也已经自己观察到这一点。梦境一如醒时知觉那般生动，却不如它那般稳定。

3. 醒时知觉一如不真实的梦境那般不真实

"再下一步他会认识到，在觉醒状态下通过感官感知到的物质形态及其他所有事物的核心本质，跟它们在梦境中的镜像一样是不真实的；在这两种状态下，它们都是陷于轮回的"，也就是说，是虚幻不实的。[14] 在这个阶段，瑜伽士的认识是理论，而非经验。你应该还记得，在第五章中我们曾经讲过，睡梦状态和觉醒状态都使用了相同的知觉过程，以便形成对于世界的心理表征或所谓模型。而这些模型，不论是有关梦中世界的，还是有关物理世界的，终究只是模型。因此，它们是幻象，而不是它们所代表的事物，就像地图不是实地，而菜单不是大餐。

4. 大彻悟：一切是梦

"最后一步将通往大彻悟，即轮回内的一切皆有如梦境般虚幻。"[15] 如果我们将心智比为一部电视机，那么大彻悟就是意识到，屏幕上的一切其实是一个图像，或者说一个幻象。只是产生这样一个想法，比如"心智里面没有别的，只有思想"，这还不算大彻悟，因为大彻悟事关经验，而非理论。因此，"宇宙万物……以及其中的所有现象"都被视为"至高梦境的内容"。[16] 睡梦瑜伽士则是直接体验到了这种看待现实的新视角。

5. 合一

"得此大智慧，大千世界、中千世界、小千世界，莫不明了；仿佛露珠回到光明之海，在涅槃中合而为一。"[17] 在这里，我只能寻求哲学家维特根斯坦的庇护："对于不可说的东西，我们必须保持沉默。"

简单来说，这不是一类可以接受公开检验和科学验证的知识。然而，这个条件并无意否定神秘主义经验的可能价值，因为我们没有理由相信，科学的限度就是知识的限度。我们也无意暗示，你应该遵循睡梦瑜伽士的方法，来寻求你自己的大智慧。藏传佛教的方法和符号学在其原本的文化语境中运作得最好。如果你真的有志于探求自己的最大潜能，我们建议你找到一位与你语言相通的导师。

自我知识

纳斯尔丁走进一家银行去兑现支票。银行柜员请他证明是否是本人。"好的，"说着，纳斯尔丁拿出一面镜子，端详自己的面庞，"这就是我，没错了。"[18]

我们实际是什么样的人不一定与我们相信自己是什么样的人相一致。我们并不是我们在睡梦中（或者事实上，在觉醒时）所认为的自己。你可以很容易就在你的下次清醒梦中自己观察到这一事实。不妨追问你自己在清醒梦中发现的每样东西的本质。比如，你可能坐在一张**梦中桌子**上，而双脚放在**梦中地板**上。不仅如此，那是一只**梦中之鞋**，穿在一只**梦中之脚**上，后者是一个**梦中身体**的一部分，所以这必定是一个**梦中之我**。你只需反思自己在清醒梦中的状况，就可以看出来你在梦境中所呈现出来的那个人不可能是实际的你：它只是一个意象，一个关于你的真实我的心智模型，或者借用弗洛伊德的说法，是你的"自我"（ego）。

意识到你的自我不可能是实际的你，你就更容易停止去认同它。而一旦你不再认同这个自我，你就可以更自由地改变它。简单意识到自我是对于真实我的一个简化模型，就让你获得了一个对于真实我的更精确模型，使得你更不容易将地图误认为实地。

如果你可以客观地看待你的自我，将之视为真实我的表征和仆人，你就不需要再纠结于你的自我。不论如何，你都不可能摆脱它，并且也不应该这样做——毕竟自我是让我们在这个世界上有效运作的必要之物。自我和真实我都自称"我"，这一事实是混淆和误认的一个根源。自我说："我是我所知道的自己。"真实我则只是说："我是。"如果我知道我不是我的自我，我就可以对我自己做到足够超然客观，就像在一个故事中，一个僧侣对纳斯尔丁夸耀说："我做到了如此超然，以至于我从来不会从我自己，而总是从其他人的角度看待事物。"纳斯尔丁则答道："好吧，我做到了如此客观，以至于我可以这样看待我自己，就仿佛我是另一个人；如此这般，我就可以从我自己的角度看待事物。"[19]

我们越少认同自己所认为的自己，我们就越有可能发现我们真实的自己。对此，苏菲派大师塔里卡维（Tariqavi）就曾经写道：

只有当你找到了你自己时，你才真正拥有了知识。在此之前，你拥有的只是意见。而意见是基于习惯以及你想象出来觉得合适的东西。

研究苏菲之道要求你在这个过程中遇见你自己。你还没有遇见你自己。而遇见其他人的唯一好处是，他们中的一个人可能会将你引荐给你自己。

在你开始这样做之前,你有可能会觉得你已经见过你自己多次了。但真相是,当你确实遇见你自己时,你会收到知识的一种永久的馈赠,而这种感觉是世界上的所有其他经验都无可匹比的。[20]

在真心感到想要"遇见你自己"之前,你可能会发现对于自我的欲望和愿望的满足远更为迫切。这是很自然的事情,所以当你自己的一部分还在嗷嗷待哺,渴望满足醒时生活中未得到满足的驱动和欲望时,你试图追求你自己的更崇高一面很有可能会造成反效果,让你感到沮丧。

类似地,你也不应该将追求超脱当作一种逃避现实的手段。不妨回想一下范埃登的恶魔之梦。你必须首先愿意处理你可能遇到的任何个人层面的问题。但在睡梦中解决了种种问题,在做了足够多的满足愿望的活动后,你可能会感到这样一种冲动,想要探究超出自己所知道或所能想象的其他可能性。你可能想要遇见你自己。

顺服

就在我走在高中校园的走廊上时,我突然在睡梦中清醒过来。能够变清醒,并且变得几乎与在醒时生活中一样有觉察,我感到非常兴奋。跟往常一样,我想要到外面。穿过走廊,我来到出口,但我却推不开门，因为它被一辆坏掉的大卡车挡住了。意识到这只是一个梦，我便努力挤过身子，用双手抓住卡车，将它轻松地扛起扔到一旁。

在外面，空气清新，天空湛蓝，眼前是一片青翠的田园景象。我跑过草地，满心欢喜地跃向空中。在穿过树顶时，我被卡在树枝之间，所以我只能一边悬停在空中，一边设法让自己脱身。最后，我总算穿过树顶，并继续向上飞了几百米。在这个过程中，我心想："我已经飞过这么多次，或许这回我可以尝试一个在空中的飘落冥想。"下定主意后，我向"更高存在"寻求帮助。我大声说道："最高的天父－天母，请帮助我充分利用这个过程！"然后我向后倒去，不再控制我的飞行，不再害怕坠落。

我随即开始头朝下飘落。我闭上双眼，灿烂的阳光照在我的身上，我的脑袋里充满了光。我感觉自己就像一根羽毛在空中缓缓飘荡。在大约五分钟的飘落过程中，我轻轻地但坚决地将思绪踢出我的心智，就像在我的醒时冥想练习中一样。我越少受到思绪的影响，这段体验就变得越多觉察和喜悦——对此，我只能用极乐来描述。渐渐地，我觉察到我在床上的身体，而在我醒来后，我感到了一种难以形容的轻盈和舒服之感。[21]

我走进一座教堂，并知道自己到时需要讲话。会众正在吟唱来自一本红色赞美诗集的第55首赞美诗。在他们进行常规的练习时，我决定走到外面，收拾一下心情。我有点担心和害怕，因为我不知道要说什么。我坐在草坪上，突然想到了一个不错的话题——"顺服之道"。

这时我望向东方的天空,并看见一个巨大的、发着白光的圆球,比月亮还要大上好几倍。我意识到自己在做梦。我喜悦地叫出声,因为我知道它是为我而来的。在我这样做时,光收回到天上,就仿佛它在等候我做出更为妥当的回应。我知道自己必须转开视线,并完全信任。就在我这样做时,光降落了下来。在它靠近时,一个女性的声音说道:"你做得不错,让这光在你自己体内反射。但现在,你必须让它转向外面。"

空气变得充满能量,地面变得非常明亮。我的头顶开始感到刺痛,并为光所照暖。然后我就醒了。[22]

为了超出自我的世界模型,清醒梦的做梦者必须放弃对于梦境的控制,让自己顺服某种超越自我的东西。顺服的概念在前面引用的例子中已经得到了很好的说明。而对于这个"某种超越的东西",我们每个人很有可能会有各不相同的概念,其具体形式可能取决于我们的成长过程、个人的哲学或对于神秘主义思想的接触程度。

一个常见的、用宗教用语表述的主题是,"顺服上帝的意志"。然而,如果你不喜欢或不理解这样的宗教用语,你也可以使用一种不同的方式将你的愿望表示出来。就我们刚才所讨论的语境而言,这样的说法可以是,"我放弃控制,听从真实我的引导"。不管你对于真实我的本质有何认知,将控制权从你认为的自己交到你真正的自己手上,终归是一大改进。由于它包含你所(有意识或无意识）知道的一切，你的真实我能够比你的自我做出更睿智的决定。

在交出自我对于梦境的控制权后，你必须保持清醒。不然的话，你的自我的欲望和预期就有可能重夺控制权。此外，清醒可以帮助你创造性地、出乎直觉地回应梦境的展开，并记起不要因为害怕未知而在新经验面前止步。

"至高存在"（The Highest）是一个尤其令人满意的、对于超验目标的表述。对于"至高存在"不需要做出任何假设，除了有一点，不论它是什么，它在层级上高于其他万物，也比其他一切更为宝贵。下面两个例子可以让人大致了解清醒梦做梦者在追寻"至高存在"时可能会发生什么。在第一个例子中，G. 斯科特·斯帕罗梦见：

> 我坐在一个上面放着一些小雕像的一个小祭坛前面。一开始，我看到了一只公牛。我将视线暂时移开，然后再次移回，却发现在它的位置上现在有一尊龙的雕像。我开始意识到自己在做梦。我将头扭开，并在心里想着，等我转回头时，我将看到最高可能的存在。我慢慢转回头，张开双眼。在祭坛上是一尊冥想的男人像。一股巨大的情绪和能量涌上我的心头。我跳了起来，兴奋地冲出门外。[23]

斯帕罗接着评论道，这个睡梦向它展示了什么是在他看来最至高无上的，而在此之后，就可以有意识地将这作为一个理想，作为一个"真正的度量工具,用来评估各种内在经验所达到的程度"。[24] 不过,我们也需要记住,将一个意象变成一个偶像,也就是说,一个固定的观念或信念,有可能制约进一步的成长。

下面是第二个例子,是我自己印象最深、对个人最有意义的清醒梦之一:

> 几年前的一个上午,我发现自己开着跑车疾驰在一条梦中道路上。我对两侧的美丽景致感到赏心悦目,并清楚知道自己在做梦。持续开了一小段距离后,我看见前方路旁有一位非常迷人的女性想搭便车。不用说,我感到强烈的冲动想要停下车,载上她。但我对自己说:"我以前已经做过这个梦。为什么不试试新的东西呢?"所以我从她身边经过,决定寻找"至高存在"。
>
> 随着我敞开心胸,准备接受引导,我的车就冲进空中,快速向上飞行,直到它最后像火箭加速器那样掉落,而我继续越飞越高,直入云霄。我经过了一个屋顶上的十字架、一个大卫星以及其他宗教符号。随着我继续升高,来到云彩之上,我进入了一个看上去是一个无尽的神秘领域的空间——一片流溢着爱的广阔虚无,一个让人感到安心的无垠空间。我的情绪达到了跟我的高度一样高,我开始充满狂喜地唱歌。我的声音实在迷人——它从最低音到最高音,游走自如。我感到自己仿佛透过声音的共鸣拥抱了整个宇宙。[25]

这个睡梦极大扩展了我对于自身的认知。我感到自己仿佛发现了另一种形式的存在，而与它比起来，我对于自身的日常认知就犹如沧海一粟。当然，我没有办法评估这个幻象有多接近现实的终极本质（如果这样一种东西存在的话），尽管我的经验当时是让我深信不疑的。

尽管这样一些经验在当时可能非常让人令人信服，但终究难以评估它们的终极可信性。正如乔治·吉莱斯皮一再强调的，某人做了一个梦，梦见自己体验到某个超验现实，而不论它是上帝、虚无、涅槃等，这一事实并无法让我们得出结论说，做梦者实际上体验到了这个超验现实。[26] 不然的话，这就好似你在梦中中了乐透，然后你就预期会在醒来后变成百万富翁。因此，有理由需要在探索过程中保持一种健康的保留态度：要记住它们只是一些梦，因而很容易呈现谬见或真理。不要不信，也不要全信，而是要记住这一点，即它们向你展示了生活不只是你现在所知的模样。心理学家查尔斯·塔特也给出了类似的建议，建议人们在诠释自己经验的意义时要谨慎：

> 对于通灵、冥想、清醒梦和普通梦、意识状态改变、神秘主义经验、迷幻药等的知识或经验：所有这些都可以打开我们的心智去容纳新的理解，带着我们去超越自身的日常限度。它们也可以暂时性地创造出一些最令人信服的、"显而易见"为真的、真实得令人陶醉的幻觉。这正是我们必须练习和发展分辨能力的地方。不然的话，一个太过开放的心智可以比一个封闭但有理智的心智更为糟糕。[27]

法里芭·博格萨兰做过一个研究，考察当人们有意在清醒梦中找寻神性时会发生什么。她的研究侧重于人们对神性的既有概念以及他们找寻它的方式对于他们实际梦到的见神经验的影响。有些人将神性视为一个实体化的人格神——一个智慧老人、基督或天母。其他人则将神性视为一股充盈宇宙的力量，或者其他某种无形无相、非人格化的力量。相当显著地，在那些成功在清醒梦中见到一个"至高存在"的意象的人当中，超过八成的原本相信人格神的人在睡梦中遇到了以人的形象出现的神。此外，也有超过八成的原本相信非人格化宇宙力量的人体验到了不以人的形象出现的神秘力量。

人们找寻神性的方式，也会影响他们的经验。博格萨兰将她的受试者分成两组：一组在他们的清醒梦中主动找寻神，另一组则敞开胸怀，愿意接受任何可能降临的神性经验。这种方法上的差异也清楚体现在他们表述自己意向的方式上。主动找寻者会说，他们打算在清醒梦中"找寻至高存在"。那些可以说顺服神圣意志的人则会将自己的意向表述为，他们希望"体验神性"，或者敞开胸怀，拥抱神性。被动的、顺服的一组看上去较少预期神的出现，并比主动找寻的一组体验到更多的意料之外的结果。"顺服者"通常不期而遇某种神性的表征；"找寻者"则通常找到了一个神，并且常常是他们预期会找到的那个。

这个研究表明，我们的既有认知对于我们在清醒梦中的见神经验有着巨大影响，至少在我们有意找寻这样的经验时是如此。这是否意味着，当我们在清醒梦中找到神性时，我们实际上并没有见到真神？我不觉得可以这样说。毕竟神性在每个人看来可能具有不同的外在形式，而我们的既有认知可能单纯是，当我们见到至高存在时我们所投射到它上面的那个意象。然而，博格萨兰的研究结果也暗示，如果我们放弃控制，如果我们不试图通过在睡梦中寻找神而强迫生成这样的经验，我们可能会得到一种更为深刻的对于神性的经验。另一方面，当你试图找寻神性时，你应该小心表述自己的意向，因为这直接影响到你在清醒梦中找寻神时将如何行事。[28]

练习 38　找寻"至高存在"

1. 选取一个承诺或疑问，来表达你的最高追求

思考什么是对你而言终极重要的。想出一个说法，以肯定句或疑问句的形式，来表达你的最高追求。确保这是一个你真心想要得到解答的疑问，或者这是一个你不会有丝毫保留的承诺。一些可能的说法是：

- "我想要寻找上帝（或真理、至高存在、神性、终极奥义等）。"

- "我想要遇见我的真实我。"

- "请让我看看创世之初。"

- "我是谁？"

- "我不清楚我的内心想要什么。我如何才能弄明白？"

- "我有一份天职。但它具体是什么?"

- "我从哪里来?为什么我在这里?我又要去往何处?"

- "什么是我现在(或接下来)需要知道(或去做)的最重要事情?"

- "请引导我抵达爱和光明。"

- "请让我记起我的使命。"

- "请让我获得觉醒。"

一次只选取一个说法。写下并牢记你的承诺或疑问。

2. 在就寝前再次提醒自己

在睡觉前,再次提醒自己你的承诺或疑问,以及你想要在下一个清醒梦中确认或询问这个说法的意向。

3. 在你的清醒梦中,确认你的承诺或询问你的疑问

进入一个清醒梦后,一边随着梦境展开,一边反复表述你的承诺或疑问。记起这个说法对你意味着什么。敞开胸怀,接受来自一个更高层次的引导。留意梦境想要把你带向何方,并顺其自然。尽量多地放下对于事情应该怎样的既有认知,这样你就能够坦然接受任何呈现给你的。

附注

如果你难以决定想要找寻的东西,或许你可以试着想象现在死神登门。"再多我点时日!再多一点!"你恳求道。"每个人都这么说,"死神答道,"但你可以完成最后一个愿望。大多数人会把它浪费在找牧师或律师,或抽根烟上,所以要想好了。在你的最后一个梦中,你想要做些什么?"把这个问题放在这样的情境中思考,无疑会帮助你剔除掉那些琐碎之事,而留下对你而言真正重要的。

人都在睡觉

在 12 世纪时，伟大的波斯苏菲派诗人萨纳伊曾经写道："人都在睡觉，只关心无用之事，活在一个错误世界里。"[29] 将近一千年后，这样的境况几乎没有改变：人仍在睡觉。有些人可能会觉得这难以置信。你可能会认为，如果事情确实如此，你应该会知道的！然而，如果确实在我们日常称为"觉醒"的状态下，我们其实在梦游，那么我们会难以直接观察到这一事实。梦游者无法看出来自己其实在睡觉。

类似地，当我们走在人生的道路上时，我们几乎总是假设自己是醒着的。我们认为，睡眠是不动的；而我们在不断"走"动，所以我们处在觉醒状态。我们不认为自己是睡着的，但梦游者或非清醒梦的做梦者也不觉得如此。事实上，一句苏菲派箴言就点明了这一点：

> 哦，那些对通往毁灭的道路上的艰辛心怀畏惧的人哪，不要害怕。
>
> 这条道路如此容易，你都可以睡着将它走完。[30]

有时候，清醒梦的做梦者可以敏锐地觉察到他们平时的睡觉状态，就像南非数学家 J.H.M. 怀特曼曾经体验到的：

> 在听过一场知名弦乐四重奏乐队的音乐会后……我记得自己怀着平和恬静的心境上床睡觉。当晚做的梦一开始相当非理性，尽管我或许比平常更紧密地跟着它展开。我看上去在平滑地穿过一个空间区域，期间一种逼真的寒意流过我的身体，吸引着我的注意。
>
> 我相信在那一刻我变得清醒过来。然后突然之间……到目前为止一直被笼罩在困惑中的一切瞬时间一扫而空，而一个新的空间冒将出来，栩栩如生，仿似现实。我的知觉无处不在，无所不明，连黑暗本身都看上去鲜活异常。然后一个想法涌上我的心头，让我深信不疑："我以前从来不曾醒着过。"[31]

通常我们非常难以想象自己可能尚未完全觉醒，除非你有过像清醒梦之类的经验。但如果你有过，你就可以通过这样一个类比来加以理解：就如同做清醒梦之于做普通梦，相较于普通的"梦游"状态，可能还存在一种我们或许可以称为"清醒的觉醒"或"觉醒的觉醒"的状态。

我并不是说，做清醒梦就等同于彻悟，而只是说，这样一个睡梦状态下两种不同水平的觉察程度的比较，可以向我们表明，对于我们的醒时生活，也可能存在另一个远超我们目前水平的理解。

试想我们大多数人在尝试理解自己人生的来处和去处时所会遇到的困惑和混乱，并试着将这种混乱的心智状态与非清醒梦的做梦者在试图为怪诞的梦中事件加以合理化却不得其门时所遇到的状态两相比较。我们的梦境在我们醒悟到自己在做梦时顿时变得更说得通,并提供了更多的可能性。因此,在我们醒时生活中的一个类似醒悟也会增强我们对于生活的理解,以及对于自身潜力和创造性的挖掘。

正如我前面说过的,我并不把做清醒梦视为一个通往彻悟的完整路径。或许在藏传佛教徒手中,在正确的指导下,并结合其他必要的方法,求道者可以运用做清醒梦达成他们的灵性目标。然而,我还是主要将它视为一个路标,标出了获得更高层次意识的可能道路;一个提醒,提醒人们生活不只是他们日常所觉察到的;以及一个鼓励,鼓励人们向认识道路的向导寻求指导。

伊德里斯·沙阿就在下面这个故事中生动描述了我们的境况。

人与蝶

很久很久以前,在一个炎炎夏日,两个经过长途跋涉、疲惫不堪的人来到了河边,在那里稍事休息。不久后,在另一个人的注视下,较年轻的人睡着了,嘴巴张得大大的。如果我告诉你,有一只小小的生物,各方面看上去都像一只美丽的迷你蝴蝶,后来从他的嘴唇间飞了出来,你会相信吗?

这只蝴蝶飞到河中的一个小岛上,落在一朵花上,开始吸吮花蜜。然后它又绕着那个不大的地方飞了好几圈(对于这样微小的一只昆虫来说,那里必定看起来很大),仿佛在享受阳光和微风。很快,它找到了另一只同类。它们开始在空中起舞,仿佛在谈情说爱。

第一只蝴蝶再次落在一根微微晃动的树枝上。过了一会儿,它加入了一群各式各样、大大小小的昆虫，它们正围绕在青翠草地上的一具动物尸体周围……好几分钟过去了。

醒着的旅行者百无聊赖，丢了一颗小石头到小岛附近的水里，而激起的水花溅到了蝴蝶。一开始，它几乎要掉落下去，但最终，它艰难地甩掉了翅膀上的水珠，重新飞到空中。

它快速振动翅膀，飞回睡着的旅行者嘴里。但另一个人捡起一片大叶子，挡在他同伴的嘴巴前，想看看那只小生物会怎么办。

蝴蝶一次又一次地冲向这个障碍，仿佛惊恐万分。同时那个睡着的人开始扭动身体，发出呻吟。

折磨蝴蝶的人丢掉了叶子，那只小生物立刻如闪电般，冲入张开的嘴里。它一进到嘴里，那个睡着的人立刻颤抖地坐了起来，非常清醒。

他告诉他的朋友：

"我刚刚经历了一次非常不愉快的经验，一个很恐怖的梦魇。我梦见自己生活在一个舒适安全的城堡里，但我变得越发不安分，于是决定去探索外面的世界。

"在我的梦中，我通过某种神奇手段来到了一个遥远国度，那里到处都是欢乐和愉悦。比如，我从一个琼瑶杯中尽情吸食美酒。我遇见了一位美妙绝伦的女性，并与她翩翩起舞。我还跟许多好友玩乐宴饮，这些人脾气本性各异，年龄肤色也各异。

"这样的生活持续了好多年。然后突然之间，毫无预警地，发生了一个大灾变：滔天巨浪席卷大地。我浑身湿透，差点就淹死了。我飞奔赶回自己的城堡，就仿佛肋生双翅。但等到我抵达入口时，我却进不去。一个巨大的恶灵竖起了一扇绿色的大门。我一次又一次地撞向大门，但怎么也撞不开。

"就在我觉得我快要死时，我突然记起一个据说可以解除魔法的咒语。我一说出咒语，那扇绿色大门就应声倒下，就仿佛风中的一片树叶。我得以再次进入家中，从那以后安全地在里面生活。但我如此害怕，我就醒来了。"[32]

沙阿点评道："正如你可能已经猜到的，你就是那只蝴蝶，而那座小岛就是这个世界。因此，你喜欢（以及不喜欢）的事物，其实很少是你认为的样子。即便当你离开时（或当你仔细思考它时），你只会发现扭曲的事实，这也是为什么这个问题通常无法为人所理解。但在'蝴蝶'之外，是那个'睡着的人'。在这两者背后则是那个真正的现实。只要给予恰当的机会，'蝴蝶'就可以了解到这些事情，包括自己从哪里来、'睡着的人'的本质，以及在这两者之外还存在什么。"[33]

后 记

历险继续

恭喜你，梦境探险者们！

你已经学到大量关于自己做梦的心智的知识，即将成为一名专业的梦境探索者。如果你在读完本书，进行过各种练习，使用过各种方法后还没有成功做过清醒梦——不要放弃！你学会这项技能的速度，取决于众多因素，诸如还有哪些事情在要求你投入注意，或者你记起做过的梦的能力如何等。但不管怎样，坚持终有回报。

确保你投入了足够时间来培育清醒梦诱导术所需的基础技能。如果你的诱导术效果不彰，集中注意在基础练习上，并练习附录中的补充练习。要记住，万丈高楼平地起。

本书并不是对于做清醒梦的定论。我们的研究还将继续，继续寻找更好、更容易的变清醒的方法。正如第三章提到过的，我们已经研发了一种称为 DreamLight 的清醒梦诱导设备，并发现它可以帮助人们做清醒梦。而它不仅对有过清醒梦经验的人适用，也适用于那些以前从未做过清醒梦的人。我们也将继续研究将做清醒梦应用于解决生活难题的方法。对于那些想要了解更多，或想要加入我们去探索做清醒梦的世界的人,我想在此向你介绍清醒梦研究所。

清醒梦研究所

媒体对于做清醒梦的兴趣,以及我在过去十年间所收到的信件数量,清楚地向我表明,其他许多人也跟我一样,觉得在睡梦中保持清醒的经验或前景非常吸引人。《做清醒梦》以及本书正是我对于公众对清醒梦日益增长的兴趣的部分回应。

在迈克尔·拉普安特,一位管理咨询师以及自觉有义务将做清醒梦的益处介绍给公众的梦境探索者的宝贵协助下,我创立了清醒梦研究所。它的宗旨是,推进对于意识的本质和潜力,尤其是做清醒梦的研究,并运用相关研究的成果来增进人类的健康和福祉。

它致力于让尽可能多的人享受到做清醒梦的益处,而这个努力表现为多种形式。DreamLight 清醒梦诱导设备已经上市,所以如果你有兴趣尝试这个设备,可根据后面的地址接洽清醒梦研究所。我们也为有志于参与和帮助推进清醒梦以及清醒的醒时生活的相关研究的人建立了一个会员制组织。

我们开设各种训练课程,并定期出版一份刊物《夜之光》(NightLight),供会员了解、参与和支持正在进行中的研究。

在每期《夜之光》上,清醒梦研究所的会员可以读到有关做清醒梦的实验——诱导、研究或运用清醒梦的不同方法。然后这些梦境探险者可以向编辑报告他们的实验结果，而编辑会在今后的刊物中刊登这些结果的概要。此外，《夜之光》也会解答关于做清醒梦的常见问题，提供清醒梦研究所各项活动（研习班、技术进展和线下活动等）的最新消息，并刊载可供人参考的清醒梦案例。《夜之光》可以帮助梦境探险者和研究人员彼此学习。

我希望你会加入我们的精彩历险，一起探索做清醒梦的世界。想要了解更多信息，请接洽：

> The Lucidity Institute
> Box 2364, Dept. B2
> Stanford, CA 94309
> (415) 851-0252.[*]

---

[*] 最新信息及更多资料可参见其官方网站：www.lucidity.com。——编者注

附 录

补充练习

强化意志

在与先知以西结和以赛亚的饭后聊天中,威廉·布莱克问道:"是否确信一样事情如此,就使它变得如此?"以赛亚答道:"所有诗人都相信如此,而在如今只能想象的古代,这样的确信曾经移山;但现在的很多人已经无力确信任何事情了。"[1]

许多清醒梦诱导术都要求用到意向——那个称为"意志"的不可捉摸的人格特征的主动指向。就像人格的其他方面,意志在人群中的分布似乎是不均衡的。有些人似乎单凭"意志力"就能做成事情,而许多人却似乎"毫无意志力"。幸运的是,意志看上去可以通过适当的练习加以强化。

罗伯托·阿萨焦利就在他的《出自意志的行为》一书中描述了强化意志的许多方法。[2] 下面这个练习将通过让你意识到意志的价值而增强你的意志力。

练习 39 理解意志的价值

1. 思考因缺乏意志而导致的问题

拿一叠纸坐下。闭上双眼,想想因缺乏意志而可能导致的负面后果。如果你抽烟、喝酒或饮食无度,如果你无法振作起来维护自己的正当权益或保护自己免受伤害,如果你似乎总是没办法去做你知道其实对你最好的事情,思考这可能产生的负面后果,并把它们一一写下来。想想错失的机会,或者给你自己及他人带来的痛苦和愤怒。如果这些意象让你产生了负面情绪,不要回避它们。你不需要写成长篇大论,或甚至完整的句子。可以简单做个列表。在完成列表后,翻回头再读一遍。在阅读过程中,不要让自己修改或回避那些负面后果。从对于这些意象的厌恶中汲取某种力量,并利用这种力量强化你的决心。

2. 思考强大意志的益处

现在在心智之眼中绘制一幅同样生动的意象,只是这次表现的是强大意志可能带来的正面效应。跟在步骤1中那样,首先检视和思考更强大的意志可能带来的正面效应,然后把它们一一写下来。再一次地,如果在思考这些你也可能得到的益处(个人满足、他人认同、享受、成就等)时,你感受到了强烈的正面情绪,可以让自己沉浸在这样的情绪中。然后努力将你的感受转化成一种自己也要具有强大意志的强烈欲望。

3. 想象出一个你自己具有强大意志的意象

现在将你自己视为已经拥有强大意志,能够以意志得到充分发展时的方式思考和行事。天马行空地想象,你借助这个高度发展的意志能够创造出怎样一个美好世界。让这个你自己的"理想典范"(借用阿萨焦利的说法),激励你进一步增强自己的意志。

就像我们身心的其他器官和功能，意志可通过练习加以强化。为了强化特定肌肉群，我们会进行针对那个肌肉群的锻炼科目。类似地，为了强化意志，在独立于其他心理功能的情况下训练意志是很有用的。[3] 这可以通过做一些"无用的"练习来做到。美国心理学的奠基人威廉·詹姆士就写道，你应该"通过每天做一些小小的无用的练习，来让自己始终保有这种能够做出努力的官能"。[4] 博伊德·巴雷特在他的《意志的力量以及如何发展它》一书中提到了这样一种练习的一个例子：一连七天，每天在一把椅子上连续站十分钟，并在这个过程中努力保持心平气和。[5] 有人做了这个练习，在练习了三天后，他报告说："在完成这个自我施加的任务的过程中，我体验到了一种自己拥有力量和智谋的感觉。在施行和实现自己意志的过程中，我感受到了喜悦和力量。这个练习无疑强化了我的道德，我开始感受到一种高贵感和男子汉气魄。"[6]

你可以将许多日常活动和经验变成意志练习。比如，你可以练习在工作上遇到挑战时保持心境平和，或者在塞车时保持耐心。接下来，我们将提供一个训练意志的方案。

练习 40　强化你的意志

下面是一个"无用的"练习列表：

- 将50枚回形针从一个盒子移到另一个，一次一枚，不慌不忙地，慢慢地。

- 就着椅子起身和坐下30次。在椅子上站立五分钟。

- 以一定节拍，先小声后大声，重复说："我会这么做。"持续五分钟。

- 比应该要起床的时间提早15分钟起床。

- 克制自己的抱怨冲动一整天。

- 写100次下面的句子："我要写一个无用的练习。"

- 向五个你之前从未搭过话的人打招呼。

- 熟记和背诵一首你喜欢的长诗。

1. 从上列列表中选取一个任务

第一天，从上述列表中选取一个任务，并只做这个任务。在完成任务的过程中，专注于任务以及你的感觉。努力保持一种平和心境，没有不耐烦或对于练习结果的疑虑。任务完成后，写下你的想法和感觉。如果你顺利完成了任务，第二天就可以接着做步骤2。如果你未能完成或没做任务，第二天再试着做同样的任务。

2. 增加另一个任务

在完成步骤1后，选取另一个任务，并在同一天做这个任务以及步骤1中的任务。再一次地，在完成任务的过程中，努力保持一种平和心境，并事后做笔记。连续两天做这两个任务（或者直到你成功地连续两天完成这两个任务）。

3. 增加第三个任务

在第四天时，增加第三个任务。连续两天做这三个任务，并在事后记笔记。

> **4. 丢掉一个旧任务，选取一个新任务**
>
> 在连续两天完成三个任务后，丢掉一个旧任务，并增加一个新任务，使得你仍然还有三个任务。再一次地，连续两天做这三个任务。接下来继续丢掉一个旧任务，并增加一个新任务，直到你成功完成了所有任务。
>
> **5. 自己进行实验**
>
> 在自己的指导下继续这个练习。你可以设置自己的任务，并根据自己喜好添加更多练习到日常生活中。不过，不要加得太多，否则你可能会感到灰心丧气。记得要在完成任务时保持心平气和——不要不耐烦，或者迫切想得到奖励。

专注和观想练习

  本书提到的许多清醒梦诱导程序都涉及观想。比如，第四章的莲花和火焰观就要求你能够想象出一朵莲花中央的一团火焰，并集中注意在火焰上，直到你进入梦境。如果你感到自己无法想象得足够生动，不要感到绝望——勤加练习，熟能生巧。下面两个练习旨在将你对于外在物体的视觉知觉调整为一种能够看见心理意象的内在能力，借此强化你的观想能力。

练习 41　注视蜡烛火焰

1. 注视蜡烛火焰

将一只燃烧的蜡烛放在你的面前。在距离蜡烛约一米的地方坐下,让自己能够很容易就看见火焰。注视火焰。盯得尽可能久,但不要让自己的眼睛感到疲累。

2. 在需要休息时休息

当你开始感到眼睛吃力时,闭上双眼,静坐一会儿,在自己身前想象出火焰的模样。定期做这个练习,你很快就会提高长时间专注的能力。

（改编自米什拉。[7]）

练习 42　观想训练

每天练习第一部分一两次,练习两三天。每个过程不会超过五分钟。然后练习第二部分。

第一部分

1. 面对一个简单的物体坐着

选取一个要注视的物体,比如一个苹果、一块石头、一只蜡烛或一个咖啡杯。选取一样小而简单且静止的物体。将它放在你身前一米开外,然后舒服地坐下。

2. 注视这个物体

张大双眼,努力将整个物体都纳入视野。努力把握一个整体的视觉印象，不要拘泥于任何一个具体特征。确认一下那些乱入的思想和知觉，然后就让它们随风飘散。

3. 闭上双眼，观察这个物体留下的残像

注视几分钟后，闭上双眼，观察这个物体留下的残像，直到它消散。然后张开双眼，再次专注地盯着这个物体。重复这个过程多次，每次残像应该会变得越来越清晰、生动。不要绞尽脑汁创造出意象。就让清晰的意象在时机成熟时自然浮现。

第二部分

1. 通过注视身前的物体来暖身

重复第一部分多次，借此暖身。

2. 想象这个物体悬浮在你身前

张开双眼，让视线离开这个物体，然后想象它就在你身前一米开外，悬浮在你的视线高度上。一开始，这可能看上去有点奇怪，但不需要绞尽脑汁。你可以先从专注于它给你的感觉，而不是它的具体结构着手。承认它占据了你视线注视的那个空间，然后专注于这样一种感觉——那个意象占据了那个空间，是因为你想让它如此。那种看到一个意象的感知就会从这种觉察和感觉中涌现出来。

3. 想象这个物体在你身内

在你能够想象这个物体在你身前之后，重复步骤2，但这次要想象这个物体在你身内。由于有些清醒梦诱导术要求观想有物体在喉咙处，所以试着想象这个物体在你的喉咙处。然后再次将它移出。不断将你的观想在外部与内部之间来回调换，直到整个过程变得毫不费力。

（改编自达唐祖古。[8]）

注 释

第一章 做清醒梦的世界

1. 这些工作主要由琳内·莱维坦和罗伯特·里奇主持进行,并得到威廉·德门特博士的资助。

2. T. Tulku, *Openness Mind* (Berkeley, Calif.: Dharma Publishing, 1978), 74.

3. G.S. Sparrow, *Lucid Dreaming: The Dawning of the Clear Night* (Virginia Beach: A.R.E. Press, 1976), 26–27.

4. I. Shah, *Seeker After Truth* (London: Octagon Press, 1982), 33.

5. W. James, *Principles of Psychology* (New York: Dover, 1891/1950).

第二章 学习做清醒梦的预备工作

1. S. Rama, R. Ballantine, and S. Ajaya, *Yoga and Psychotherapy* (Honesdale, Pa.: Himalayan Institute, 1976), 166.

2. P.D. Ouspensky, *A New Model of the Universe* (London: Routledge & Kegan Paul, 1931/1971), 244.

3. S. LaBerge, *Lucid Dreaming* (Los Angeles: J.P. Tarcher, 1985).

4. I. Shah, *The Way of the Sufi* (London: Octagon Press, 1968), 244.

5. 对于睡梦日记的更深入讨论,可参见:G. Delaney, *Living Your Dreams* (New York: Harper & Row, 1988); A. Faraday, *The Dream Game* (New York: Harper & Row, 1974); P. Garfield, *Creative Dreaming* (New York: Ballantine, 1974); M. Ullman and N. Zimmerman, *Working with Dreams* (New York: Delacorte, 1979).

6. O. Fox, *Astral Projection* (New Hyde Park, N.Y.: University Books, 1962), 32–33.

7. See J.M. Williams, ed., *Applied Sport Psychology* (Palo Alto, Calif.: Mayfield Publishing, 1986).

8. E.A. Locke et al., "Goal Setting and Task Performance," *Psychological Bulletin* 90 (1981): 125–152.

9. D. Gould, "Goal Setting for Peak Performance," in *Applied Sport Psychology*, ed. J.M. Williams (Palo Alto, Calif.: Mayfield Publishing, 1986).

10. LaBerge, op. cit.

11. A. Worsley, "Personal Experiences in Lucid Dreaming," in *Conscious Mind, Sleeping Brain*, eds. J. Gackenbach and S. LaBerge (New York: Plenum, 1988), 321–342.

12. E. Jacobsen, *Progressive Relaxation* (Chicago: University of Chicago Press, 1958).

13. S. Rama, *Exercise Without Movement* (Honesdale, Pa.: Himalayan Institute, 1984).

第三章　在睡梦中清醒过来

1. O. Fox, *Astral Projection* (New Hyde Park, N.Y.: University Books, 1962), 35–36.

2. P. Tholey, "Techniques for Inducing and Maintaining Lucid Dreams," *Perceptual and Motor Skills* 57 (1983): 79–90.

3. C. McCreery, *Psychical Phenomena and the Physical World* (London: Hamish Hamilton, 1973).

4. W.Y. Evans-Wentz, ed., *The Yoga of the Dream State* (New York: Julian Press, 1964).

5. Ibid.

6. Ibid.

7. Tholey, op. cit.

8. Ibid.

9. Ibid, 82.

10. Tholey, op. cit.

11. S. LaBerge, *Lucid Dreaming: An Exploratory Study of Consciousness During Sleep* (Ph.D. diss., Stanford University, 1980). (University Microfilms International No. 80–24, 691.)

12. J. Harris, "Remembering to Do Things: A Forgotten Topic," in *Everyday Memory*, eds. J. Harris and P. Morris (London: Academic Press, 1984).

13. LaBerge, op. cit.

14. P. Garfield, "Psychological Concomitants of the Lucid Dream State," *Sleep Research* 4 (1975): 184.

15. P. Garfield, *Pathway to Ecstasy* (New York: Holt, Rinehart & Winston, 1979).

16. LaBerge, op. cit.

17. Tholey, op. cit.

18. C. Tart, "From Spontaneous Event to Lucidity: A Review of Attempts to Consciously Control Nocturnal Dreams," in *Conscious Mind, Sleeping Brain*, eds. J. Gackenbach and S. LaBerge (New York: Plenum, 1988), 99.

19. LaBerge, op. cit.

20. J. Dane, *An Empirical Evaluation of Two Techniques for Lucid Dream Induction* (Ph.D. diss., Georgia State University, 1984).

21. S. LaBerge, et al., "This Is a Dream: Induction of Lucid Dreams by Verbal Suggestion During REM Sleep," *Sleep Research* 10 (1981): 150.

22. W. Dement and E. Wolpert, "The Relation of Eye Movements, Body Motility, and External Stimuli to Dream Content," *Journal of Experimental Psychology* 55 (1958): 543–553.

23. R. Rich, "Lucid Dream Induction by Tactile Stimulation During REM Sleep" (Unpublished honors thesis, Department of Psychology, Stanford University, 1985).

24. S. LaBerge et al., "Induction of Lucid Dreaming by Light Stimulation During REM Sleep," *Sleep Research* 17 (1988): 104.

25. DreamLight 是位于加州伍德赛德的清醒梦研究所的一个注册商标。

26. S. LaBerge, unpublished data.

27. S. LaBerge, *Lucid Dreaming* (Los Angeles: J.P. Tarcher, 1985), 149.

28. S. LaBerge, "Induction of Lucid Dreams Including the Use of the DreamLight," *Lucidity Letter* 1 (1988): 15–22.

29. J. Gackenbach and J. Bosveld, *Control Your Dreams* (New York: Harper & Row, 1989), 36.

30. Ibid., 57.

31. S. LaBerge and R. Lind, "Varieties of Experience from Light-Induced Lucid Dreams," *Lucidity Letter* 6 (1987): 38–39.

第四章　带着意识入睡

1. S. LaBerge, *Lucid Dreaming: An Exploratory Study of Consciousness During Sleep* (Ph.D. diss., Stanford University, 1980). (University Microfilms International No. 80–24, 691.)

2. S. LaBerge, unpublished data.

3. Ibid.

4. S. LaBerge, *Lucid Dreaming* (Los Angeles. J.P. Tarcher, 1985).

5. P. Tholey, "Techniques for Inducing and Maintaining Lucid Dreams," *Perceptual and Motor Skills* 57 (1983): 79–90.

6. D. L. Schacter, "The Hypnagogic State: A Critical Review of Its Literature," *Psychological Bulletin* 83 (1976): 452–481; P. Tholey, "Techniques for Inducing and Maintaining Lucid Dreams," *Perceptual and Motor Skills* 51 (1983): 79–90.

7. P.D. Ouspensky, *A New Model of the Universe* (London: Routledge & Kegan Paul, 1931/1971), 252.

8. Ibid., 244.

9. N. Rapport, "Pleasant Dreams!" *Psychiatric Quarterly* 22 (1948): 314.

10. Ibid., 313.

11. Tholey, op. cit., 83.

12. Ibid.

13. T. Tulku, *Hidden Mind of Freedom* (Berkeley, Calif.: Dharma Publishing, 1981), 87.

14. W.Y. Evans-Wentz, ed., *The Yoga of the Dream State* (New York: Julian Press, 1964).

15. R. de Ropp, *The Master Game* (New York: Dell, 1968).

16. T.N. Hanh, *The Miracle of Mindfulness: A Manual on Meditation* (Boston: Beacon Press, 1975).

17. Evans-Wentz, op. cit.

18. Ibid.

19. T. Tulku, *Openness Mind* (Berkeley, Calif.: Dharma Publishing, 1978).

20. L.A. Govinda, *Foundations of Tibetan Mysticism* (London: Ryder & Co., 1969).

21. Tulku, op. cit.

22. LaBerge, *Lucid Dreaming: An Exploratory Study*, op. cit.

23. Ibid. See also: S. LaBerge, *Lucid Dreaming* (Los Angeles: J.P. Tarcher, 1985).

24. Tholey, op. cit.

25. S. Rama, *Exercise Without Movement* (Honesdale, Pa.: Himalayan Institute, 1984).

26. Tholey, op. cit., 84.

27. LaBerge, *Lucid Dreaming*, op. cit.

28. Tholey, op. cit.

29. Rama, op. cit.

30. Tholey, op. cit., 85.

31. Ibid.

32. Ibid.

第五章　建构梦境

1. G.J. Steinfleld, "Concepts of Set and Availability and Their Relation to the Reorganization of Ambiguous Pictorial Stimuli," *Psychological Review* 74 (1967): 505–525.

2. F.C. Bartlett, *Remembering* (London: Cambridge University Press, 1932), 38.

3. B.R. Clifford and R. Bull, *The Psychology of Person Identification* (London: Routledge & Kegan Paul, 1978).

4. D. Rumelhart, quoted in D. Goleman, *Vital Lies, Simple Truths* (New York: Simon & Schuster, 1985), 76.

5. Rumelhart, op. cit., 77.

6. S. LaBerge, *Lucid Dreaming* (Los Angeles: J.P. Tarcher, 1985).

7. I. Shah. *The Sufis* (New York: Doubleday, 1964), 87.

8. P.D. Ouspensky, *A New Model of the Universe* (London: Routledge & Kegan Paul, 1931–1971), 281.

9. C. Green, *Lucid Dreams* (Oxford: Institute for Psychophysical Research, 1968), 85.

10. P. Garfield, *Creative Dreaming* (New York: Ballantine, 1974), 143.

第六章 做清醒梦的原理和实践

1. L. Magallon, "Awake in the Dark: Imageless Lucid Dreaming," *Lucidity Letter* 6 (1987): 86–90.

2. H. von Moers-Messmer, "Träume mit der gleichzeitigen Erkenntnis des Traumzustandes," *Archiv für Psychologie* 102 (1938): 291–318.

3. G.S. Sparrow, *Lucid Dreaming: Dawning of the Clear Light* (Virginia Beach: A.R.E. Press, 1976).

4. C. Castaneda, *Journey to Ixtlan* (New York: Simon & Schuster, 1972).

5. Sparrow, op. cit., 43.

6. A. Hobson, *The Dreaming Brain* (New York: Basic Books, 1988).

7. K.M.T. Heame, *Lucid Dreams: An Electrophysiological and Psychological Study* (Unpublished Ph.D. diss., Liverpool University, 1978).

8. A., Worsley, Personal communication, 1982.

9. Sparrow, op, cit., 41.

10. S. LaBerge, *Lucid Dreaming: An Exploratory Study of Consciousness During Sleep* (Ph.D. diss., Stanford University, 1980). (University Microfilms International No. 80–24, 691.)

11. A. Worsley, "Personal Experiences in Lucid Dreaming," in *Conscious Mind, Sleeping Brain*, eds. J. Gackenbach and S. LaBerge (New York: Plenum, 1988), 321–342.

12. P. Tholey, "Techniques for Inducing and Maintaining Lucid Dreams," *Perceptual and Motor Skills* 57 (1983): 87.

13. F. Bogzaran, "Dream Marbling," *Ink & Gall: A Marbling Journal* 2 (1988): 22.

14. Worsley, "Personal Experiences," op. cit.

15. Ibid., 327.

16. Tholey, op. cit., 79–90.

17. Ibid., 87.

18. Ibid., 88.

19. Worsley, "Personal Experiences" op. cit.

第七章　探索与历险

1. H. Ellis, quoted in W.C. Dement, *Some Must Watch While Some Must Sleep* (San Francisco: Freeman & Co., 1972), 102.

2. K. Kelzer, *The Sun and the Shadow: My Experiment with Lucid Dreaming* (Virginia Beach, Va.: A.R.E. Press, 1987), 140–141.

3. R. Ornstein and D. Sobel, *Healthy Pleasures* (Reading, Mass.: Addison-Wesley, 1989).

4. P. Garfield, *Pathway to Ecstasy* (New York: Holt, Rinehart & Winston, 1979), 45.

5. F. Ungar, ed., *Goethe's World View* (New York: Frederick Ungar Publishing Co., 1983), 94.

6. J. Campbell, *The Hero With a Thousand Faces* (Princeton, N.J.: Princeton University Press, 1973).

7. Ibid., 30.

第八章　为生活做排练

1. C.A. Garfield and H.Z. Bennett, *Peak Performance: Mental Training Techniques of the World's Greatest Athletes* (Los Angeles: J.P. Tarcher, 1984).

2. R.S. Vealey, "Imagery Training for Performance Enhancement," in *Applied Sport Psychology*, ed. J.M. Williams (Palo Alto, Calif.: Mayfield Publishing, 1986), 209–234.

3. C. Corbin, "The Effects of Mental Practice on the Development of a Unique Motor Skill," *NCPEAM Proceedings* (1966); I.B. Oxendine, "Effect of Mental and Physical Practice on the Learning of Three Motor Skills," *Research Quarterly* 40 (1969): 755–763; A. Richardson, "Mental Practice: A Review and a Discussion, part I," *Research Quarterly* 38 (1967): 95–107; K.B. Start, "The Relationship between Intelligence and the Effect of Mental Practice on the Performance of a Mental Skill," *Research Quarterly* 31 (1960): 644–649; K.B. Start, "The Influence of Subjectively Assessed 'Games Ability' on Gain in Motor Performance After Mental Practice," *Journal of Genetic Psychology* 67 (1962): 169–173.

4. Vealey, op. cit., 211–212.

5. R.M. Suinn, "Behavioral Rehearsal Training for Ski Racers," *Behavior Therapy* 3 (1980): 519.

6. M. Jouvet, "Neurophysiology of the States of Sleep," *Physiological Reviews* 47 (1967): 117–177.

7. Vealey, op. cit.

8. P. Tholey, "Applications of Lucid Dreaming in Sports," Unpublished manuscript.

9. Ibid.

10. Ibid.

11. Ibid.

12. A. Bandura, *Social Foundations of Thought and Action* (New York: Prentice Hall, 1986) 19.

13. Ibid., 19.

14. I. Shah, *Caravan of Dreams* (London: Octagon, 1966), 11.

第九章 创造性解决问题

1. R. Harman and H. Rheingold, *Higher Creativity* (Los Angeles: J.P. Tarcher, 1984).

2. C. Rogers, *On Becoming a Person* (Boston: Houghton Mifflin, 1961), 350.

3. O. Loewi, "An Autobiographical Sketch," *Perspectives in Biology and Medicine* 4 (1960): 17.

4. E. Green, A. Green, and D. Walters, "Biofeedback for Mind-Body Self-Regulation: Healing and Creativity," in *Fields Within Fields... Within Fields* (New York: Stulman, 1972), 144.

5. Rogers, op. cit.

6. F. Bogzaran, "Dream Marbling," *Ink & Gall: Marbling Journal* 2 (1988): 22.

7. R.L. Stevenson, "A Chapter on Dreams," in *Across the Plains* (New York: Charles Scribner's Sons, 1901), 247.

第十章 克服梦魇

1. E. Hartmann, *The Nightmare* (New York: Basic Books, 1984).

2. S. LaBerge, L. Levitan, and W.C. Dement, "Lucid Dreaming: Physiological Correlates of Consciousness during REM Sleep," *Journal of Mind and Behavior* 7 (1986): 251–258.

3. S. Freud, "Introductory Lectures on Psychoanalysis," in *Standard Edition of the Complete Psychological Works of Sigmund Freud, vol. 15* (London: Hogarth Press, 1916–1917), 222.

4. Hartmann, op. cit.; A. Kales et al., "Nightmares: Clinical Characteristics of Personality Patterns," *American Journal of Psychiatry* 137(1980): 1197–1201.

5. J.A. Gray, "Anxiety," *Human Nature* 1 (1978): 38–45.

6. C. Green, *Lucid Dreams* (London: Hamish Hamilton, 1968); S. LaBerge, *Lucid Dreaming* (Los Angeles: J.P. Tarcher, 1985).

7. I. Shah, *The Way of the Sufi* (London: Octagon Press, 1968), 79.

8. H. Saint-Denys, *Dreams and How to Guide Them* (London: Duckworth, 1982), 58–59.

9. P. Tholey, "A Model of Lucidity Training as a Means of Self-Healing and Psychological Growth," in *Conscious Mind, Sleeping Brain*, eds. J. Gackenbach and S. LaBerge (New York: Plenum, 1988), 263–287.

10. G.S. Sparrow, *Lucid Dreaming: Dawning of the Clear Light* (Virginia Beach: A.R.E. Press, 1976), 33.

11. 对于灵魂出窍的体验的讨论，参见：LaBerge, *Lucid Dreaming*, chapter 9。

12. K. Stewart, "Dream Theory in Malaya," in *Altered States of Consciousness*, ed. C. Tart (New York: Doubleday, 1972), 161–170.

13. P. Garfield, *Creative Dreaming* (New York: Ballantine, 1974).

14. Tholey, op. cit.

15. Ibid., 265.

16. S. Kaplan-Williams, *The Jungian-Senoi Dreamwork Manual* (Berkeley, Calif.: Journey Press, 1985).

17. Tholey, op. cit.

18. Garfield, op. cit., 99–100.

19. Tholey, op. cit., 272.

20. C. McCreery, *Psychical Phenomena and the Physical World* (London: Hamish Hamilton, 1973), 102–104.

21. Kaplan-Williams, op. cit., 204.

22. J.H. Geer and I. Silverman, "Treatment of a Recurrent Nightmare by Behaviour Modification Procedures," *Journal of Abnormal Psychology* 72 (1967): 188–190.

23. I. Marks, "Rehearsal Relief of a Nightmare," *British Journal of Psychiatry* 135 (1978): 461–465.

24. N. Bishay, "Therapeutic Manipulation of Nightmares and the Management of Neuroses," *British Journal of Psychiatry* 147 (1985): 67–70.

25. M. Arnold-Forster, *Studies in Dreams* (New York: Macmillan, 1921).

26. P. Garfield, *Your Child's Dreams* (New York: Ballantine, 1984).

第十一章　治疗之梦

1. E. Rossi, *Dreams and the Growth of Personality* (New York: Brunner/Mazel, 1972/1985).

2. Ibid., 142.

3. R. Rilke, *Letters to a Young Poet* (New York: Random House, 1984), 91–92. 我要感谢盖尔·德莱尼让我首次意识到这段话的存在。

4. F. van Eeden, "A Study of Dreams," *Proceedings of the Society for Psychical Research* 26 (1913): 439.

5. Ibid., 461.

6. Ibid.

1. G. Gillespie, "Ordinary Dreams, Lucid Dreams and Mystical Experience," *Lucidity Letter* 5 (1988): 31.
2. R.F. Burton, *The Kasîdah of Hâjî Abdû El-Yezdî* (New York: Citadel Press, 1965), 13.
3. P. Brent, "Learning and Teaching," in *The World of the Sufi* (London: Octagon Press, 1979), 216.
4. T. Tulku, *Openness Mind* (Berkeley, Calif.: Dharma Press, 1978), 74.
5. I. Shah, *The Sufis* (New York: Doubleday, 1964), 141.

第十二章 人生是一个梦：一个小小的重扣的世界

7. P. Tholey, "A Model of Lucidity Training as a Means of Self-Healing and Psychological Growth," in *Conscious Mind, Sleeping Brain*, eds. J. Gackenbach and S. LaBerge (New York: Plenum, 1988, 263–287.)
8. G.S. Sparrow, *Lucid Dreaming: Dawning of the Clear Light* (Virginia Beach: A.R.E. Press, 1976), 31.
9. Hakim Sanai, *The Walled Garden of Truth* (New York: Dutton, 1976), 11.
10. G. Larsen, *Beyond the Far Side* (Kansas City: Andrews, McMeel & Parker, 1983).
11. I. Shah, *Caravan of Dreams* (London: Octagon, 1968), 132.
12. I. Shah, *The Way of the Sufi* (New York: Dutton, 1968), 104.
13. Tholey, op. cit.
14. Shah, op. cit., 110.
15. Tholey, op. cit.
16. E. Langer, *Mindfulness* (Menlo Park, Calif.: Addison-Wesley, 1989).
17. E. Langer, "Rethinking the Role of Thought in Social Interaction," in *New Directions in Attribution Research*, eds. H. Harvey, W. Ickes, and R.F. Kidd (Hillsdale, N.J.: Erlbaum, 1978), 50.
18. Langer, op. cit.
19. I. Shah, *Learning How to Learn* (San Francisco: Harper & Row, 1981), 50.
20. B. Strickland, "Internal-External Control Expectancies: From Contingency to Creativity," *American Psychologist* 44 (1989): 1–12.
21. S. LaBerge, *Lucid Dreaming* (Los Angeles: J.P. Tarcher, 1985), 153–154.
22. D.T. Jaffe and D.E. Bresler, "The Use of Guided Imagery as an Adjunct to Medical Diagnosis and Treatment," *Journal of Humanistic Psychology* 20 (1980): 45–59.
23. O.C. Simonton, S. Mathews-Simonton, and T.F. Sparks, "Psychological Intervention in the Treatment of Cancer," *Psychosomatics* 21 (1980): 226–233.
24. A. Richardson, "Strengthening the Theoretical Links between Imaged Stimuli and Physiological Responses," *Journal of Mental Imagery* 8 (1984): 113–126.
25. LaBerge, op. cit., 156.

6. Tulku, op. cit., 77.
7. Ibid., 90.
8. W.Y. Evans-Wentz, ed., *The Yoga of the Dream State* (New York: Julian Press, 1964).
9. Tulku, op. cit., 76.
10. Ibid., 78.
11. Ibid., 86.
12. Evans-Wentz, op. cit., 221.
13. Ibid.
14. Ibid.
15. Ibid., 221–222.
16. Ibid., 222.
17. Ibid.
18. I. Shah, *The Subtleties of the Inimitable Mulla Nasrudin* (London: Octagon Press, 1983), 90.
19. Ibid., 54.
20. I. Shah, *Wisdom of the Idiots* (London: Octagon Press, 1971), 122–123.
21. D. Hewitt, Personal communication, 1990.
22. G.S. Sparrow, *Lucid Dreaming: Dawning of the Clear Light* (Virginia Beach, A.R.E. Press, 1976), 13.
23. Ibid., 50.
24. Ibid.
25. S. LaBerge, *Controlling Your Dreams* (audiotape) (Los Angeles: Audio Renaissance Tapes, 1987).
26. G. Gillespie, "Ordinary Dreams, Lucid Dreams and Mystical Experience," *Lucidity Letter* 5 (1986): 27–31; G. Gillespie, "Without a Guru: An Account of My Lucid Dreaming," in *Conscious Mind, Sleeping Brain*, eds. J. Gackenbach and S. LaBerge (New York: Plenum, 1988), 343–352.
27. C.T. Tart, *Open Mind, Discriminating Mind* (San Francisco: Harper & Row, 1989), xvi.
28. F. Bogzaran, "Experiencing the Divine in the Lucid Dream State," *Lucidity Letter* 8 (1990): in press.
29. Shah, *The Sufis*, xxviii.
30. I. Shah, *The Way of the Sufi* (London: Octagon Press, 1968), 252.
31. J.H.M. Whiteman, *The Mystical Life* (London: Faber & Faber, 1961), 57.
32. A. Musa, *Letters and Lectures of Idries Shah* (London: Designist Communications, 1981), 18–20.
33. Ibid.

附录 补充读物

1. W. Blake, *The Portable Blake* (New York: Viking Press, 1968), 256.
2. R. Assagioli, *The Act of Will* (New York: Viking Press, 1973).
3. Ibid.
4. W. James, quoted in Assagioli, op. cit., 40.
5. B. Barrett, quoted in Assagioli, op. cit., 39.
6. B. Barrett, *Strength of Will and How to Develop It* (New York, 1931).
7. R. Mishra, *Fundamentals of Yoga* (New York: Lancer Books, 1959).
8. T. Tulku, *Hidden Mind of Freedom* (Berkeley, Calif.: Dharma Publishing, 1981).

湖岸
Hu'an publications®

出 品 人＿唐 奂
产品策划＿景 雁
责任编辑＿闫 妍
营销编辑＿戴 翔 刘焕亭
责任印制＿朝霞午昼
封面设计＿尚燕平
版式设计＿崔 玥
内文制作＿常 亭
美术编辑＿王柿原

🐦 @huan404
微博 湖岸 Huan
www.huan404.com

联系电话＿010-87923806
投稿邮箱＿info@huan404.com

感谢您选择一本湖岸的书
欢迎关注"湖岸"微信公众号